湛庐 CHEERS

与最聪明的人共同进化

HERE COMES EVERYBODY

CHEERS
湛庐

北欧妈妈的自然养育法

THERE'S NO SUCH THING AS BAD WEATHER

琳达·埃克森·麦格克 著
Linda Åkeson McGurk
王索娅 王新宇 译

浙江教育出版社·杭州

测一测

你的育儿观念够“自然”吗？

扫码加入书架
领取阅读激励

- 在学龄前儿童的教育中，更重要的是什么？（单选题）

  A. 提前学习阅读、数学等学科知识

  B. 多参加室内活动，培养专注力和自律性

  C. 让孩子拥有更多的户外活动时间

  D. 以家庭为主，避免过早接触外界

扫码获取全部
测试题及答案，
一起了解北欧妈妈的
育儿秘诀

- 在寒冷的冬天，家长应该如何安排孩子的户外活动？（单选题）

  A. 只在气温高于 0℃时外出，以免受寒

  B. 选择晴天时出门，其他时间待在室内

  C. 只要穿着合适，在任何天气里都可以进行户外活动

  D. 每次出门安排在半小时之内，长时间容易生病

- 加深亲子联结更有效的方式是什么？（单选题）

  A. 每天进行“深度谈话”，了解孩子的想法

  B. 陪伴孩子参加户外活动，共享经历

  C. 通过教育性互动（如阅读、讲故事）增强联系

  D. 给予孩子足够的独立空间，不干涉太多

扫描左侧二维码查看本书更多测试题

献给我亲爱的女儿马娅（Maya）和诺拉（Nora）

我们只有一个短暂的机会，可以将我们对这颗星球的爱传递给我们的孩子，把我们的经历告诉他们。这个时候，孩子们的世界才会变得更完整。

——理查德·洛夫（Richard Louv）[①]

① 美国非虚构作家、记者，最著名的作品是《林间最后的小孩》（*Last Child in the Woods*）。提出了“自然缺失症”这一概念，意指当代儿童在大自然中度过的时间越来越少，从而导致一系列行为和心理上的问题。——译者注

北欧人真的掌握了某种伟大的育儿秘诀吗？

“我不想出去。”

我4岁的女儿诺拉站在玄关处，脚后跟像是粘在了地板上，嘴唇噘着，双臂交叉，发表着抗议。

她的姐姐，7岁的马娅插话道：“妈妈，我们必须去吗？”

她们表现得就像是我在要求她们去打扫房间，或者是什么更糟糕的事情，比如逼她们吃讨厌的蔬菜。

“我想在家看电影。”

“但是地上有刚下的雪。有雪啊！你们不想堆雪人吗？”我模仿着《冰雪奇缘》里安娜公主的语气，期望她们对这部动画的痴迷能让她们回心转意。我很清楚，她们只要一出门就会开始在雪地里打滚，很快就会把想看《芭比之时尚童话》的事情抛在脑后。问题是要怎么让她们出门。

“外面很冷！”马娅抱怨道，“为什么我们总是要出门呢？”

关于这一点，其实我很想告诉她们我小时候是怎么过的。那时候电视只有两个频道（除了周六早上，其他时间都不放动画片），而电脑游戏还存储在盒式磁带上。我必须踩着没过膝盖的积雪，步行 5 公里去上学，往返都要爬坡。

然而等我一开口，嘴里却冒出了我一年级老师曾说过的话。

“没有不好的天气，只有不合适的衣服！”为了掩饰逐渐滋生的烦躁情绪，我脱口而出的话里还带着一股不太自然的欢快语气。

孩子们一脸怀疑地看着我。然后诺拉尖叫道：“我讨厌穿滑雪裤！”接着她直接躺倒在地板上，像毛毛虫似的蠕动着脱掉了滑雪裤。

我告诉自己要冷静，深呼吸，数到 10。

“我们试着出去待上 15 分钟看看，怎么样？然后我们再决定是继续待在外面还是回家。”

有了折中的办法，我们终于在寒冷的 2 月清晨走出了家门。为了给扭扭捏捏的孩子穿上滑雪裤、靴子、羊毛外套、连指手套、冬季夹克，戴上围脖和帽子，我已经汗流浃背，而且激烈的谈判让我有些疲惫。我不禁想知道，现在的孩子到底出了什么问题，他们为什么不想去户外玩呢？

我们开车去了附近的公园。外面空气清新，天空湛蓝。我们在路上还看到几只松鼠在树上追逐打闹。但是除此之外，周围空旷得像月球表面一样。街上没有汽车、没有孩子，四周一片寂静。这座位于美国中西部的小镇已处于事实上的停摆状态。昨天晚上，天气预报说近期可能要下雪，降雪量为 3 ～ 8 厘米。由于担心大雪和冰雹会影响交通和供电，人们下班后都赶忙回家给发电机加满油，并赶在商店关门前囤积了大量食物。超市里的面包和牛奶货架被一扫而空，就像资源紧张时期的采购潮一样。学校昨天通知将上学时间延迟两小时，并提前取消了大多数非必要活动。今天一早，学校原计划的两小时延迟变成了全面停课，俗称“雪休”，而且本地政府也关门了。

我们走过的所有地方，包括公园里可以滑雪橇的小坡上，积雪都没有被人动过。起初，马娅和诺拉玩雪玩得太开心，都没有注意到这异样的寂静。女孩们在柔软的积雪上留下崭新的痕迹，接着又滚倒在地上，变成了雪精灵，咯咯笑着，乐个不停。马娅已经完全忘记了在玄关处上演的抗议大戏，她环顾四周，突然发现有些不对劲。“妈妈，其他孩子呢？”她问道，“他们为什么不来公园里玩？”

她的问题让我回想起了另一段时光和另一处地方。我出生于瑞典，在一个与阿拉斯加湾的纬度大致相同的小镇长大。小时候，我和朋友们的大部分空闲时间都在户外玩耍：挖泥巴、爬树、收集蚯蚓、看宠物兔赛跑、骑着自行车在家附近窜来窜去，还总是磕磕碰碰，腿上常常青一块紫一块。到了冬天，我们就去滑雪、滑冰，从种着一排排树木的陡峭山坡上坐着雪橇滑下，吃山上的雪，建造一些随时会垮掉的雪堡，偶尔还会在毫无戒心的同伴脸上拍雪取乐，这种行为通常被我们称为“拍雪螺”（mula）。

上幼儿园时，我们每天都要在户外玩好几小时，风雨无阻。在小学阶段，除非遭遇雷电，户外活动存在生命危险，否则我们根本不会在室内休息。我们知道抱怨户外活动是没有意义的。我们从小就被教导要根据天气穿衣服，并学会忍耐风霜雨雪。我们走在校园旁的小树林的路上，就会忘记恶劣的天气，因为我们很快就沉浸在了树枝变成木马，森林变成城堡的假想游戏里。

虽然关于大自然对儿童以及成年人身心健康的积极影响的研究在当时还处于起步阶段，但大人们仍然本能地知道在树林里散步的好处。如果有人问他们为什么让孩子们每天都在外面玩，答案似乎一目了然："因为新鲜空气对身体好。"

斯堪的纳维亚地区以自然为中心的文化，集中体现在 friluftsliv（意为"户外生活"）这个挪威语单词中。它指的是一种生活方式，而不仅仅是户外活动。这种生活方式如今已被视为培养身心健康、全面发展并具备环保意识的孩子的关键。随着关于户外生活有益健康的研究逐渐兴起，斯堪的纳维亚地区越来越多的学校包括幼儿园将户外活动视为重要环节。在瑞典，课间休息时间（大部分都在户外活动）大致已经占到上学时间的20%。许多学校还计划将更多的教学环节转移到户外进行。"森林学校"，即孩子们大部分时间都在户外度过的幼儿园，在热爱大自然的父母中也越来越受欢迎。

在瑞典，自然并不是一个抽象的概念，它不只是世界地球日那天的口号，也不只是教科书中关于蜜蜂和蝴蝶的描述。自然是瑞典人日常生活中不可或缺的一部分。与大自然的日常互动使许多孩子，包括我们这些成年人，成为积极提倡环保的人。因此，斯堪的纳维亚地区在可再生能源、回收利用和可持续性生活等领域处于世界领先地位也就不足为奇了。

在我搬到美国并开始养育自己的孩子之前，让孩子每天都去户外玩耍对我来说是一件理所当然的事情，以至于我认为这是一种普遍的育儿方式。但等我的孩子长大一点以后，我发现许多户外运动场所，无论冬夏都是空空荡荡的。我开始意识到让孩子们在户外玩耍并不是美国的育儿常态，至少现在已经不是了。虽然大多数父母和教育工作者都了解非结构化户外游戏[①]的好处，但根据相关研究，这一代的孩子在户外玩耍的时间明显少于他们的父母。尽管美国儿科学会建议父母鼓励儿童“尽可能多地在户外玩耍”，但是一项涵盖美国400万儿童的研究表明，大约有一半的学龄前儿童并没有每日户外游戏时间。对于大一点的孩子来说，情况也好不到哪里去，电子娱乐现在平均每周占用他们近53小时的时间。根据美国大自然保护协会的数据，只有10%的美国青少年每天都去户外活动。

与此同时，许多学校正在削减课间休息时间，以便在几乎已经没有任何空闲时间的一天当中再塞进一点课程，哪怕是刚入学的学生也一样要面对这样的遭遇。政府因为害怕诉讼，干脆禁止在城市里滑雪橇。家长们一方面恐惧车祸、绑架和大自然本身，另一方面又疯狂地热衷于给孩子报课外培训班，把越来越多的孩子圈在室内，导致孩子越来越依赖电子设备等娱乐方式。曾经遍地都是孩子的街道和公园现在空无一人。伴随上述趋势而来的是越来越多的肥胖症、糖尿病、注意缺陷多动障碍（ADHD）和其他行为问题。如今在美国儿童群体中，使用抗抑郁药物的比例是欧洲同龄人的3倍。

假如让蹒跚学步的孩子更多地去观察真正的飞鸟，而不是在平板电脑上玩《愤怒的小鸟》；假如让幼儿园的“小花朵”成为莳花弄草的“小

---

① 非结构化户外游戏是指儿童在没有成人干预的情况下，根据自己的兴趣和本能进行自由玩耍的活动。——编者注

花匠”；假如让学校增加更多的课间休息，而不是标准化考试；假如让顽劣调皮的孩子有更多在户外释放精力的机会……上述情况会不会大有改观呢？

站在美国中西部乡村小镇的这处空荡荡的公园里，我思前想后，是时候把这个问题搞清楚了。从我离开北欧到现在已经有 12 年了，我在那里的少年时代，距今已有 25 年。所以跟我小时候相比，家乡的文化肯定已经发生了深刻的变化。那里的人们在如今这个科技高速发展的时代，是否还知道该如何养育身心健康、热爱自然的孩子呢？如果是的话，他们是如何做的呢？

北欧人真的掌握了某种伟大的育儿秘诀吗？

目 录

第 1 章

风雨无阻，出门第一

去户外吧

孩子会收获健康的体魄

与强大的内心

* * *

There's
No Such Thing
As
Bad Weather

野外永远在低声呼唤。

——丹尼尔·克罗基特（Daniel Crokett）

当我在大学期间作为交换生去澳大利亚珀斯留学时，我以为自己最多也就会带回一身黝黑的皮肤以及一段美好的回忆，没想到最后却带着来自美国印第安纳州乡村的男朋友回家了。我们刚开始约会时，他告诉我他小时候经常在自家后院的小溪里用碎石建造“水坝”。有趣的是，我过去常在瑞典的小溪中清除杂物，让溪水可以自由流动。奇妙的感觉让我们彼此吸引，很快就走到了一起。

我们这对瑞典环保主义者和美国中西部工业主义者的组合最后竟能修成正果，倒是出乎双方家庭的意料。毕业之后，我们决定搬到蒙大拿州，那是我丈夫以前放假时常和家人一起去滑雪的地方。那时我刚从新闻学院毕业，第一份工作是在一家初创的互联网企业上班，那里的环境可能正是电影《上班一条虫》（*Office Space*）[①] 的灵感来源：狭窄逼仄的格子间、神神秘秘的各种表格、愤愤不平的白领员工，以及一个精力过于旺盛、时刻不忘监工的主管。尽管如此，融入新环境的过程对我来说还算顺利。这里的群山让我想起了老家，野外的风光也非常壮观，冬季的时长和气候都堪比我的祖国。

① 1999 年上映的美国喜剧电影，讲述了原本循规蹈矩、任劳任怨却即将被裁员的办公室小职员彼得，在一次被催眠后行事作风大变，工作中完全放飞自我，却意外得到升职的故事。——译者注

我们居住的博兹曼市正处于转型阶段，这座城市正从昔日那片以广阔牧场、顶级飞钓和悠闲生活闻名的土地，转变为一座时髦的大学城、一个受到各地游客热爱的新兴度假胜地。当然也有不喜欢这种变化的人，不过我凭借自己的北欧血统和适应恶劣天气的经验，被视为“纯正”的蒙大拿人，很快就被当地人接纳。与此形成鲜明对比的是，凡是对大雪天气驾车外出有所犹豫或抱怨寒冷天气的人都会被笑话是“加利福尼亚人”，不管他们是否真的来自“金州”。[①] 具有讽刺意味的是，大多数抱怨寒冷天气的人，其实都是从其他地方搬到博兹曼市的。事实证明，真正决定蒙大拿人身份的，与其说是出生证明上的印章，不如说是一种心态。在这里，衡量成功的标准不是你在公司里升了几次职，而是你跳出格子间在户外帐篷里度过了多少天；拥有财富的多寡并不是看你银行账户里的数字高低，而是看你家里有多少生活物资；能力的高低也不在于你从教科书中学到了多少知识，而是在于你如何应对现实生活中的挑战，比如在野外如何避免被雪崩掩埋或被灰熊袭击。

尽管我已经不在瑞典了，但现在我周围的大多数人都拥有深厚的自然知识和高超的野外生存技能，这让我感到羞愧。有一件事我敢肯定：如果遇到世界末日，我会立刻抱紧一个经验丰富的蒙大拿人，绝不放手。

但我发现，美国社会除了存在这种硬核户外文化，还存在另一股势力，正是这股力量使人与自然之间的关系变得疏远。我在这片土地上学到的第一课，就是我以前习惯通过步行或公共交通来完成的所有事情，在蒙大拿州几乎都可以通过自驾来解决。在这里，你早上起来后可以从

① 加利福尼亚州因美国历史上的淘金潮被称为“金州”。受地理位置的影响，加利福尼亚州的冬季温暖湿润，而蒙大拿州的冬季寒冷干燥。这句话暗示加利福尼亚人不像蒙大拿人那样能适应寒冷的气候。——编者注

温暖舒适的家中直接进入空调暖气充足的车里，然后开车去上班。实际上，因为没有公共交通，自驾就是你上班的唯一方式，除非你住在可以步行上班或骑自行车通勤的范围内。午餐时，你可以从一堆提供免下车服务的快餐店里挑一家，然后只要排队等上 10 分钟，就可以在车里大快朵颐了。你要去音像店退租电影光碟吗？店外的路边就有一个退租回收箱。你要邮寄信件吗？同样无须下车。你要买半打啤酒吗？直接告诉免下车购物窗口的那个人就行。甚至银行都有免下车服务。学校放学时，家长们开车排着长队，等着一位拿着对讲机的老师按照顺序叫孩子们出来依次上车。这些都是我从未见过的景象。

在很多地方，车道两侧都没有人行道。有时在商场的停车场里步行都像是在自杀的边缘疯狂试探。再者，即便我成功躲开了车祸，我要去的商店也基本在同一屋檐下，方便到想多走两步的机会都没有。后来我发现有些人甚至专门去商场锻炼，沿着长长的走廊散步或慢跑。这种现象过于普遍，以至于他们都有了专门的称呼——商场漫步者。我觉得这种现象也很有趣。我能理解有些老年人可能想要避开湿滑的人行道或者崎岖的林中小径，但我不明白为什么各个年龄段的人都热衷于室内锻炼。明明我们身边就有令人叹为观止的落基山脉以及丰富多彩的户外休闲活动可以选择，他们为什么非要在室内锻炼呢？我显然还有一些文化障碍需要跨越。

可能因为很多人都只是从一个温度适宜的室内环境转移到另一个同样舒适的室内环境，完全没有必要看天气穿衣服，所以我经常看见有人在外面穿得好像在自己家里一样，甚至天寒地冻都不穿外套。我曾在为一家瑞典报纸撰写的专栏文章中写道，由于美国社会独特的运行方式，大多数人可能每天的行走步数都不到 1 000 步。但现在我怀疑，这个步数可能还是有点偏高了。

刚搬来时，我并没有想过如果我和丈夫以后要生孩子，这种文化现象对我们来说会意味着什么。那时的我们忙于享受无忧无虑的生活，认为最重要的人生抉择就是去哪里露营，以及周末去哪座高峰徒步旅行。我们对这种生活也非常满意。但是当我快到 30 岁的时候，逐渐有了生孩子的想法。我们决定搬回我丈夫在印第安纳州的家乡，那里离家人更近一点，方便照顾孩子。就这样，我又一次踏上了跨越文化之旅。

没有不好的天气

在我出生和长大的斯堪的纳维亚半岛，想要不出门是很好找借口的。斯堪的纳维亚地区在地理上主要是指瑞典、丹麦和挪威，但就地区文化而言，还包括我们的东部邻国芬兰。这一地区有许多地方属于北极圈之内，因靠近北极，部分属于亚寒带气候，大雪在冬天很常见，尤其是半岛北部，不过也不一定每年都有“白色圣诞节”[①]。虽然在墨西哥湾暖流[②]的帮助下天气会有所回暖，尤其是半岛西部海岸，比同纬度其他地方温度要高。但凡是在斯堪的纳维亚地区度过冬天的人都知道，在这里生活需要坚强的心志。斯堪的纳维亚地区的冬季温差极大，有时，人们前一刻还在说“我们把露天茶座搬出来吧”，下一刻就感觉“我的眼皮好像冻住了”。不过，这里的冬天有一点始终不变：绝对的黑暗。

每年冬天，极夜都会笼罩斯堪的纳维亚半岛的北部，持续约 27 天，在 12 月下旬的冬至日达到顶峰。在那段时期，太阳完全不会从地平线升起。毫不夸张地说，万物生灵此时都仿佛进入了黑暗魔界。相比之

① 白色圣诞节，即在圣诞节期间下雪。——编者注

② 墨西哥湾暖流是世界第一大海洋暖流，从墨西哥湾流向北大西洋，将热量带去西北欧。——译者注

下，南部的天气则没有那么残酷，1 月份时每天都有长达 7 小时的宝贵日光。即便如此，阴云密布的天空也经常将斯堪的纳维亚半岛包裹在一种永久的半黄昏状态中。这是一场对忍耐力的终极考验。极端天气会可怕到什么程度呢？ 2014 年的瑞典首都斯德哥尔摩在整个 11 月的日照时间仅为 3 小时，创下了新纪录。"街上行人都要化身成丧尸开始吃人了。"我的一位朋友在 11 月底时愤怒地说，"世界末日就在眼前！"

每个斯堪的纳维亚人都有自己应对黑暗冬天的方式。芬兰人为了保持清醒，喝的咖啡比世界上其他任何地方的人都多。瑞典人则建造精致的阳光房，并选择去泰国度假。丹麦人有"福歌"（hygge），这是一种独特的生活方式，很难直接翻译。它会让人联想到一家人舒适地围坐在壁炉前，喝着热巧克力，玩着棋盘游戏的画面。挪威人通过吃鱼肝油来提高体内的维生素 D 水平，在林中小屋中躲避风寒。许多斯堪的纳维亚人都梦想着放弃这里的生活，搬到更温暖、更有阳光、更宜居的低纬度地区。不少人一到冬天就会冒出类似的想法，但只有一些退休的人真正付诸行动。不过重要的是，斯堪的纳维亚人发现，保持平常心才是度过冬天的关键。不管是下雪还是下冰雹，不管是路面结冰还是气温极低，生活还是会继续。尽管大雪过后，火车可能会晚点，但世界并不会停转。比如学校因为天气不好而停课的情况几乎闻所未闻。

快到春天时，番红花和款冬花从地下慢慢探出头来，白昼越来越长，维生素 D 的储备终于得到补充。在城市里，咖啡馆的露天座位上也开始出现羊毛毯子了。这无疑也预示着冬去春来。当融雪开始从屋顶滴落时，从似永恒一般漫长的冬天中"幸存"下来的人涌向咖啡馆，将自己裹在毯子里，让苍白透明的脸沐浴在时隐时现的阳光下。哪怕户外只有几摄氏度也没关系。按照斯堪的纳维亚地区的标准，戴着连指手套享受拿铁咖啡已经相当舒适了。到了 6 月，斯堪的纳维亚人为了庆祝仲夏节（midsommar），开始制作花环，围绕五朔节[①]花柱跳舞，在神殿里祭拜永不落山的太阳，他们已准备好重新拥抱这片土地，以抚慰那渴望光明的身体和心灵。

夏季，在大多数人居住的南部，天气总是变幻莫测。温暖的晴天只会偶尔出现，多云多雨且湿冷才是此间常态。只要气温连续三天在20℃以上，就称得上是热浪来袭了。据说，只有瑞典语才有uppehållsväder（意为“雨歇期”）这种专门的词语来描述两次强降雨之间的时期，想来也绝非偶然。“日乏”（Solfattig）是另一个常用的瑞典天气术语，其意义不言自明。当少有的天气温暖、天空湛蓝的完美夏日出现时，凡是自愿留在室内的人都会被视为精神失常。“只要遇到不错的天气，你就得好好利用起来。这是我们的父母总挂在嘴边的话，也是我想告诉孩子们的。”住在斯德哥尔摩的一位两个孩子的母亲塞西莉亚说。

考虑到斯堪的纳维亚地区气候变化无常，这里会有“没有不好的天气，只有不合适的衣服”这种谚语也是很自然的事情。它最初可能只是一种应对天气变化的策略，或者是反抗“天气霸权”的口号。如果你在斯堪的纳维亚半岛长大，就会无数次从老师、父母、祖父母和其他成年人那里听到这句话。因此，斯堪的纳维亚人长大后都对天气变化有很强的适应能力。曾经全副武装，从头到脚披挂雨具，就为了去树林里休息或玩耍一下的孩子们，长大成人后，每天都会有出门的冲动。“如果不能每天出门，我会发疯。如果下班后没有时间带儿子出去玩，我会感到很内疚。我觉得这是一种非常斯堪的纳维亚式的思维方式。”我的瑞典朋友琳达说。

---

① 五朔节是欧洲传统节日，每年5月1日为庆祝春天的到来，人们削树为柱，在其顶端系上多条彩带，把彩带另一端拿在手中，围绕着柱子跳舞。——译者注

一些研究人员为了弄清楚为什么斯堪的纳维亚人如此热衷于每天都让他们的孩子外出活动，耗费了其大部分的职业生涯。有一种研究理论认为这是一种预防措施。人们相信户外活动对孩子有好处，但又无法说出具体原因。但可以确定的是，户外活动不会伤害孩子，而且人们担心孩子如果不去户外就会遇到问题。

当地政府为了促使儿童和成人参加户外娱乐活动，将其视为一种预防性的健康保护措施，并为此进行了不少投资。例如，瑞典斯科讷地区（Skåne）的医保机构就鼓励父母在孩子还小时就带其外出，帮助孩子养成健康的生活方式，预防肥胖。“我们都知道新鲜空气和运动有益于提高食欲和睡眠质量。”一本为新手父母准备的指导手册里写道，“这一点不仅适用于青少年和成人。哪怕是婴幼儿，每天接触新鲜空气也会感觉良好。这还有助于人们培养良好的生活习惯和日常锻炼的意识。”

在瑞典，人们普遍认为新鲜空气和户外活动对身体健康至关重要，甚至在制药行业中都能找到这一理念的拥护者。瑞典最大的连锁药店之一皇冠药房（Kronans Apotek）就在其官网上提供了针对流感高发季的预防建议：“减少流鼻涕和咳嗽的第一步是让孩子尽可能多地在户外活动。当孩子在户外活动时，相互之间的物理距离会增加，从而降低他们通过直接接触或空气传播感染流感的风险。户外时间越多越好。”

除了对个人健康有益，在童年时期积极探索户外也被认为是与大自然建立永久性密切联系的一种方式。借用实地教育的倡导者、《超越生态恐惧症》（*Beyond Ecophobia*）一书的作者戴维·索贝尔（David Sobel）的话来说：“如果我们想让孩子们关心自然，首先要让他们花点时间去体验自然。”

室内玩 VS. 户外玩：育儿观念大不同

当我们跨越大半个国家，回到印第安纳州乡村的那座建于世纪之交的老房子时，路边的甜玉米才刚刚开始抽穗。我们一间一间地清理了整座房子，为翻新工作做着准备。大约在同一时间，我感觉自己体内有个烦人的生物钟在嘀嗒作响，提醒我到了某个特别的年龄。这其实很有趣，因为我以前跟小孩子在一起总觉得尴尬，没想到 20 多岁以后突然改变了想法。除了改造厨房，我现在唯一想要的就是孩子了。

在收拾房子和自由撰稿之余，我还通过步行慢慢探索我的新家乡。出门散步时，我总带着两只黑色拉布拉多，这很快就引起人们的好奇和关注。一些我从未见过或从未说过话的人开始来找我闲聊。他们只是见过我遛狗，却表现得好像认识我一样。路上碰见的司机，有时也会降低车速，摇下车窗，友好地冲我打招呼。在脸书上，我经常收到陌生人的提问，问我如何训狗。他们总是惊叹于我的两只狗从不乱跑。需要澄清的是，这种印象纯粹是一种错觉。实际上，它们总是朝着不同的方向拉扯绳子。年纪最小的巴尼还曾经在训练课上被训犬师挑出来，立为不听话的反面典型。在瑞典时，我带狗出门不会引起任何关注，因为在那里散步是一种四季流行的户外休闲方式。而在这里，我很快就成了人们口中“那个带狗散步的女人”。

在修补完客厅地板，准备粉刷客房之际，我用了一次验孕棒，终于看到了梦寐以求的两条粉红色线条。于是客房变成了婴儿房，而我也一边继续散步，一边为新生命的到来做着准备。

随着体内的小生命逐渐成长，我步入了一个未知的领域。我从来都不是一个擅长带孩子的人，对此我有自知之明。小时候，我更感兴趣的是大人们的聊天内容，而不是和其他小朋友，以及她们的芭比娃娃玩。

如今，我从一个早熟的孩子变成了喜欢稳定和有条理的成年人。我生活规律，做事井井有条。我会写下待办清单，并一项项完成。我书柜里的书，就算不是按字母顺序排列的，至少也是按类别摆放整齐的。基于这些情况，我觉得自己得从一个跟常人不太一样、更理性的角度去融入母亲的角色。我开始研读关于怀孕、拉马泽助产法[①]、母乳喂养和育儿方面的书籍。这是一个美丽新世界。通过阅读这些资料，我第一次接触到了各种各样的育儿方式，还学会了许多有趣的新短语，如背戴宝贝[②]、俯卧时间和排泄沟通[③]。虽然我没有什么照顾婴儿的经验，而且我对为人父母的理解主要源于我父母的言传身教，但是我很清楚自己想要如何养育这个孩子。

- 自然分娩。√
- 中性颜色的布质尿布。√
- 家庭自制有机婴儿食物。√

在我怀孕的第 9 个月，2 月的某天午后，准确地说是预产期的前 12 天，我带着两只狗在一条环绕小镇的全程 10 公里的小路上散步。准确地说，是狗在散步，我自己则像一只患有严重疝气的肥胖企鹅一样蹒跚前行。路上，一个留着又黑又密的大胡子、露着比胡子还夸张的笑容的中年男人开着他的皮卡车驶过，为眼前这幅奇景鸣笛惊叹。在散步快到终点时，我都能感觉到婴儿的头快要从我的双腿之间冒出来了。在那之后不到 12 小时，我的羊水就破了。然后我和丈夫一起去了医院。第二天早上，在壮丽的日出和不太壮丽的分娩之后，马娅在水缸中出生了。

① 拉马泽助产法通过冥想、放松和呼吸训练，以缓解孕妇分娩时的阵痛。——译者注

② 背戴宝贝指将婴儿通过背带、背巾等工具背在身上。——编者注

③ 婴儿期的俯卧训练和幼儿期的如厕沟通训练。——译者注

- 水中分娩。√

如果我还在瑞典，从这一刻开始，我就可以享受到一系列作为母亲的福利了。斯堪的纳维亚地区在带薪育儿假期方面的福利政策位居世界前列，其中瑞典父母总共享有 480 天带薪假期（父母双方各占一定比例），外加最长 3 年的无薪假期。这意味着在任何时候，我认识的人中至少都有 6 个正在休产假的妈妈。如果我也像她们一样，就有时间去做一位斯堪的纳维亚式的母亲会做的事情，简而言之，就是母乳喂养、日间小睡和照顾婴儿。偶尔还可以和其他妈妈一起享受瑞典茶歇（fika），你可以将瑞典茶歇理解为喝杯咖啡、吃块糕点的小憩时刻。然后我们会去公园或郊区散步，路上可能还会去开放式幼儿园（öppna föskolan）待一会儿。这些机构免费为 5 岁以下的孩子提供适合其发育水平的活动，而且更重要的是，那里也为休产假的父母提供了社交的机会，帮助缓解他们的"居家综合征"。活动结束之后，我还可以回到家里再小睡一会。等我的孩子大约 18 个月大时，我也会像 84% 的瑞典父母一样，把她送去一所由政府补贴的幼儿园，然后自己回去工作。凡是照顾过婴儿的人都知道，这不是一件容易的事情。斯堪的纳维亚地区的妈妈们与美国的妈妈们一样，也面临着激素忽高忽低、不能睡整觉、换不完的尿布以及产后抑郁症等问题的困扰。不过，斯堪的纳维亚地区的父母因为拥有稳定的带薪假期，无须在孩子出生后立即重返工作岗位。这无疑能帮助新手父母平缓地适应身份的转变，让他们有机会在婴儿发育的关键时期与孩子建立亲密的联系。

然而在美国，我发现妈妈们无法享有类似的福利，爸爸们也是一样。因为美国劳动法并没有赋予想要留在家里带孩子的父母相应的权利。如果父母想要长期在家带孩子，就不得不自行承担开销，因为美国的产假只有孩子出生后的 12 周，产假时长在所有工业化国家中垫底。而且这条规定只适用于为政府或雇员超过 50 人的公司工作的人。只有略多于半数的美国妈妈符合这项标准，此外有近四分之一的美国妈妈在生完孩子两周后就得重返工作岗位。带薪休假就更不用想了，除非你的老板非常慷慨。

鉴于在美国休产假的种种限制，在马娅出生后，我找不到能交流的其他妈妈也就不足为奇了。大部分妈妈可能在工作。少数还在休假的妈妈也不认为冬季是适合社交的季节，至少不适合户外社交。我每天出门散步时，从没见过其他人推着婴儿车出来。我本来以为至少在公园里能找到几个带孩子的母亲或保姆，然而公园主入口的大门却是锁着的，里面空无一人。“我真希望现在是夏天，那样我就能带孩子去散步了。”一位妈妈带着儿子来家里看望我时说，“你觉得我什么时候带他出去比较安全呢？”这个问题让我很困惑，因为我从没想过天气寒冷时带马娅出门会不安全。慢慢地，我开始意识到，我的某些育儿观念与在美国长大的同龄人大不相同。

以前我一直觉得，就算不能成为热爱花生酱和果酱三明治的土生土长的美国人，至少应该成为一个同化程度较高的移民。为了达到这一目标，我跨越了重重障碍，填写了无数表格，参加了各种考试，和许多满怀希望的外国人一起在色彩单调、气氛沉闷的政府机构里等待了无数小时。生活本就不易，沉闷的考验更是让人不堪重负。终于，我在 2008 年宣誓加入美国国籍，成了一名美国公民。虽然我会时不时地拼错一些英语单词，比如 porcupine（豪猪）和 adage（谚语），而且恐怕永远也搞不清楚美国医保政策的细则，但是总的来说，我已经很好地适应了新家乡的生活。尽管我很怀念瑞典的生活，每年只能回去见一次家人让我感到难受，但我还是很高兴能成为正式的美国公民，拥有相应的权利和义务。

获得公民身份本来是一件让人更有归属感的事情，然而具有讽刺意味的是，我的感觉却恰恰相反，因为我在同一年成了母亲。我想大多数父母基于自身的成长经历，应该都知道他们想要怎么养育孩子。作为父母，我们会将自己的思维、信仰和传统传递给下一代，在世间留下不会随我们生命的逝去而立刻消失的小小印记。我们关于养育子女的观念深受社会文化和习俗的影响，我们的孩子在某种程度上是我们自身生命的延续。我们会试着在下一代身上重现自己的美好经历，帮他们避免糟糕的体验，尽一切可能给孩子最好的童年。美国父母和北欧父母都是如此，只是实现方式有所不同。很快，我就在许多方面发现了这种差异。

在马娅 2 个月大的时候，我开始慢慢恢复居家工作。幸运的是，她的睡眠很好。但是等到她快 6 个月大时，我越来越难完成我的工作。有时我还要出门去跟人会面或者处理与工作相关的事情。我想是时候找个兼职保姆了。这里就像许多小城镇一样，主要由亲戚、教会或希望赚点外快的全职妈妈提供幼托服务。此外还有一些规模较大的家庭日托机构，由稍微年长、孩子已经成年的妇女经营。经过一番打听，我找到了一个可爱又年轻的妈妈，她的儿子和马娅一样大。她和丈夫最近刚搬到镇上，打算照看几个孩子来赚点奶粉钱。他们租的房子不大但很干净，旁边有一个用围栏围起来的大后院。我想象了一下马娅和她的新朋友们在院子里满地打滚的画面，感觉非常完美。

没过多久我就意识到，虽然北欧父母们热衷于让孩子每天出门玩耍，但美国这里的习俗并非如此。马娅并没有像我想的那样在外面玩耍，反而大部分时间都在室内看电视。等到冬天来临时，户外游戏时间就完全没有了。当然，这不完全是保姆的错。很多时候，日托的其他孩子早上去时没有带夹克，只穿着面料单薄的运动鞋，也不适合在雪地里撒欢或踩泥坑。父母显然不希望他们出去，没有给他们穿好合适的衣物。看来这里的人确实没有冬天出门玩耍的习惯。

我对马娅白天缺乏户外游戏时间感到很歉疚。为了弥补这一点，我只要有时间就会带她出门散步或者徒步旅行。马娅快 1 岁的时候，有一天，我带着她步行前往保姆家。那时是冬天，天气很好，只是有点冷。路上一辆白色越野车在途经我们时停了下来，一位看上去 50 多岁的妇女摇下车窗，探出头来问道："亲爱的，你需要搭车吗？外面很冷啊。"

我向她表示感谢，然后婉拒道："我们穿得很暖和，而且我喜欢新鲜空气。"

"你确定吗？"她很是担忧地问道。

最后，她还是一脸疑惑地开车离开了。我能看出来，在零下 9℃的天气里，我还愿意带着女儿在外步行，确实超出她的想象。我也很惊讶：我推着一辆不小的婴儿车，带着孩子，还拎着一大包尿布，而她居然愿意让我这样的陌生人搭便车。平时，我自己要把这些杂七杂八的东西塞进车里都要费一番功夫。事后看来，这并不是友好的当地人最后一次同情我。

等马娅到了 3 岁，本地人终于开始习惯我带着她出门，这时，她的妹妹诺拉出生了。如何带着新生儿继续环城步行，这确实让我费了一番心思。我订购了一个婴儿车专用小托板，这样诺拉就能躺在婴儿车里，而马娅则坐在或站在后面的小托板上。在瑞典，这是父母带多个孩子出门的一种常见方式，然而在这里，我的行为又一次成了我高举"怪胎旗帜"的表现。当我一只手牵着两只狗，另一只手推着婴儿车时，路过的人不只是回头看我们，他们甚至摇下车窗告诉我，他们真希望手上有台相机给我们拍几张照片。一天早上，街对面一个遛狗的女人居然掏出手机给我们拍了张照片，仿佛我们是动物园从外国引进的奇异物种。

那年秋天，马娅开始上幼儿园，我终于有机会认识别的父母。在学校的感恩节聚会上，我正在和一些妈妈聊天，马娅一个同学的祖母突然过来找我。她属于经常带孩子的人，除了定时接送孙子亚历克斯，也很关注其他孩子，每次班级聚会都积极参加。

“我一直在想着你的事情。”她带着同情的语调说。

“是吗？”我有点疑惑。我不明白她为什么这样说。我之前只跟她聊过几次，也没有想过要深入了解她。老实说，我都不记得她的名字。

“我见过你在大冷天步行送孩子。”她说，“我挺希望能捎你们一程，但是亚历克斯的妈妈总是直到最后一刻才跟我说需要我送孩子。”

我还是不明白她想说什么，或者为什么她觉得我想要或需要搭便车，但我还是解释说我的住处离学校不到 1 公里，并不介意步行往来。

“好吧，我还是希望我能帮上忙。”她说道。我点点头，礼貌地微笑，然后转移了话题。

直到回到家里，我才恍然大悟，她可能以为我没有车，所以别无选择，就算天气冷也只能步行接送孩子。

户外，北欧家庭休闲的首选

斯堪的纳维亚人对新鲜空气的热情也许可以用瑞典语和挪威语中的“户外生活”一词来概括。这个词最早是由挪威著名剧作家和诗人亨利克·易卜生（Henrik Ibsen）于 1859 年在出版物中使用的，指的是以探索和享受大自然为核心的生活方式和文化。“户外生活”的范畴很大，可以是滑雪，也可以是徒步去采摘浆果和钓鱼，还可以是在家附近散步或骑车。在瑞典，“户外生活”可以被定义为“为体验自然风光而在户外开展的体育活动，不论成败，不涉竞争”。

户外生活之所以能普及，主要是因为瑞典法律规定了公民享有“公共通行权”（allemansrätten）。这项法律能保障所有人都拥有在私人土地上行走、骑自行车、骑马、采摘浆果或露营的权利（紧邻私人住宅的区域除外）。简而言之，这意味着你可以在别人的树林里采摘蘑菇和鲜花，以及点燃篝火和搭建帐篷，但不能在他们的房子附近这样做，除非得到对方许可。你也可以步行横穿牧场和农田，但是一定要随手关好栅门，而且不能损坏庄稼。在美国，私有产权至高无上。人们普遍认为使用他人的土地会有潜在的诉讼风险，极有可能产生纠纷。与美国不同，瑞典的“公共通行权”的确立基于对公众的信任，相信人们都拥有良好的素养，会遵从以“不打扰，不破坏”为核心的道德原则。这样做看上去好像无法限制人们“恣意妄为”，但实际效果惊人地好。在自然区域内，几乎没有乱扔垃圾等破坏环境的现象。这项法律使得户外休闲活动民主化，意味着世世代代的斯堪的纳维亚人不仅将接触自然视为受宪法保护的不可剥夺的权利，也愿意为此承担共同的义务。

有些人甚至认为，大自然填补了瑞典在宗教组织逐渐衰落后留下的空白——要知道，瑞典是世界上最世俗的国家之一。乌普萨拉大学的神学教授卡尔·莱因霍尔德·布罗肯耶尔姆（Carl Reinhold Bråkenhielm）在接受《瑞典日报》的采访时说：“自然已经成了瑞典人人生价值的终极参照，当传统信仰逐渐衰落时，我们会寻找其他寄托精神的东西。我们需要一些东西来编织人生故事，并从中获取力量。”有一些教会偶尔还会在森林里茂密的树冠下组织聚会。信众在盖满苔藓的地面上铺上毯子，聆听教诲，这也可以看作宗教组织适应新时代的举措。

瑞典精神病学家、作家尼尔斯·乌登伯格（Nils Uddenberg）在

1995年出版的《大关系》(*Det Stora Sammanhanget*)一书中提到关于瑞典人对自然的态度的调查，发现多达96%的人表示接触自然是一种基本需求。但若是被问及原因，他们的回答却总是很模糊，只会说大自然“很美丽”或“让人放松”。“问瑞典人为什么喜欢户外活动，就像问他们为什么想要孩子一样。”乌登伯格写道，“他们不得不为自己看来天经地义的事情去寻找理由，而这是他们从未深究过的。”美国研究人员路易丝·查瓦拉(Louise Chawla)在比较美国和挪威环保活动家的成长背景时，也有类似的发现。根据她的研究，挪威环保活动家很少像美国环保活动家那样倾向于将自身的行动归因于童年时探索自然的快乐经历，而这只是因为挪威人不确定他们小时候参加的滑雪和森林徒步之类的户外活动有什么特别之处。在他们看来，这并没有将自己与其他人区别开来，他们“只是做了挪威人都会做的事情”。

考虑到户外休闲活动在斯堪的纳维亚地区的受欢迎程度，北欧人几乎全员一致支持环境保护也就不足为奇了。在2007年的欧洲民意调查中，有98%的瑞典受访者宣称保护环境是他们的责任，即使这意味着限制人类社会的发展。这一比例高于其他任何国家，丹麦和挪威则紧随其后。因此，北欧地区经常被认为在空气和水体净化、温室气体减排和可持续性发展等领域处于世界领先地位。例如，丹麦是可再生能源和环境友好型住房的主要生产国；瑞典回收了99%以上的家庭垃圾，是绿色技术的主要出口国；挪威则是世界上最早征收碳税的国家之一。

从净水、零废物政策到绿色能源，这些看似都与家庭教育相距甚远，但正如索贝尔和查瓦拉指出的那样，这一切都始于童年时期与大自然建立的联系。在这方面，北欧人正好是专家。

户外生活
小贴士

There's No
Such Thing As
Bad Weather

户外活动的着装技巧

穿着舒适的孩子可以在户外玩好几小时，所以高品质的户外装备和儿童运动服装是物有所值的。如果装备经久耐用，还有可能传给弟弟妹妹。

如何给孩子选择户外服装，取决于你准备带孩子去哪里，以及要参加什么活动。例如，去山区长距离徒步旅行，或去离家较远的地方进行其他剧烈活动，肯定比在自家后院玩耍更需要注意穿着的层次性和功能性。同时，孩子的年龄也是需要纳入考量的因素，因为年纪小的孩子活动少，抵抗力差，更容易感冒。要记住，某些地区的天气瞬息万变，要有所准备。还有长时间外出时一定要带上备用衣服。

选购户外装备和儿童运动服装的注意事项

- 能抵抗恶劣天气（大风、暴晒、潮湿、低温等）。
- 经久耐用。
- 易于穿脱。
- 比较宽松，方便活动。

冬季着装

在寒冷的天气里让孩子保持温暖的关键在于分层穿衣。以下是从内到外的三层着装技巧：

- **第一层为基础层，作用是调节孩子的体温，并保持身体干燥。**这一层应选择舒适合身的衣服，如美利奴羊毛、合成纤维或两种材料混合制成的长款内衣，这类材料贴身效果好，还能排汗保温。棉质内衣反而会吸收水分，让孩子觉得又湿又冷。

- **第二层为保暖层，作用是锁住身体的热量。**这一层可选择天然纤维或合成纤维制成的衣服，如羊毛夹克或舒适的卫衣卫裤。
- **第三层为防护层，作用是防水、防风、透气。**这一层可选择耐磨损的尼龙制品，最好还能在膝盖和臀部等易受磨损的部位进行加厚。对于很小的孩子来说，连体服通常是最好的选择，它不仅易于穿脱，而且还能防雪。脚部的绑带有助于将连体服或滑雪裤固定在合适的位置，而反光饰条或反光背心则为夜间户外探险增加了安全性。此外，再搭配上雪地靴或加绒的雨靴、长袖防水手套以及保暖帽子。

春秋着装

上述冬季分层穿衣原则同样适用于春秋两季，不过要相应地减少层数或厚度。

- **雨天：**斯堪的纳维亚风格的结实耐用的防水服是最外层防护层的最佳选择。在美国的森林学校有时也能看到孩子这么穿。这种服装通常以套装形式出售，包括工装背带裤和夹克，由聚酯和聚氨酯混合材料制成。这套服装的防风挡雨效果特别好。如果气温较低的话，就加一件羊毛夹克，再搭配一双结实耐穿的雨靴，这样孩子就能在泥坑里跳来跳去了。
- **晴天：**天气干燥时，可以穿一条透气的滑雪裤，并搭配一件风衣。即使气温不算太冷，穿滑雪裤也可以避免弄脏或磨损孩子的日常衣服。

夏季着装

在炎热的夏季，建议把孩子的衣服分成“穿出门玩”和“穿去上学”两类，免得家长们因为户外活动弄脏衣服而伤神。旧衣服、二手衣服、洗不干净或者有破损的衣服都是“穿出门玩”的绝佳选择。

- 如果天气阴冷或者潮湿，可以搭配防雨层。
- 如果天气晴朗，家长们可以给孩子戴上有系带的遮阳帽，并穿上薄款长袖防晒衣，以免孩子晒伤。

溪流中嬉戏，竟然被罚了款

马娅 7 岁、诺拉 4 岁那年，在一个闷热的阵亡将士纪念日[①]下午，我在当地的一个自然保护区犯了一个错误，让我不禁怀疑即使自己在美国生活了 12 年，但在某些方面好像永远也融入不了这里。

这个保护区离我们家很近，只有 10 分钟的车程，附近有一个郊外小社区。在 19 世纪 50 年代到 20 世纪大萧条前的全盛时期，这个小社区曾是一个繁忙的贸易中心，因为它坐落在沃巴什 - 伊利运河旁边。那些为运河上来往奔波的旅客提供休闲的喧闹旅社和酒馆，如今早已不复存在，现在这里只剩下一座教堂，零星分布着几间房屋和一些破旧的活动房。社区不大，当你开车进去时，如果深吸一口气，那么你在呼气前就已经离开此处了。当然，在离开前你也可以转到一条尘土飞扬的碎石路上，驶往社区边缘的自然保护区。这片小小的保护区里郁郁葱葱，生长着许多常见的中西部树种，有山核桃、糖枫树、黑胡桃、橡树，还有一些白松和大量的野花。一条浅浅的小溪从中蜿蜒而过，流向西北，最终注入沃巴什河。日积月累，这条小溪在河岸的宾夕法尼亚砂岩上刻下了深深的沟壑，形成了参差不齐的岩屑坡和将近 30 米的陡崖。还有一条支流在两边的砂岩断崖下凿出一个拱形的洞，洞壁上是分层的赤褐色和赭色岩石。独特的砂岩地貌正是此处闻名于世的主要原因。在运河繁荣的时代，这处保护区曾是一个很受欢迎的度假胜地，有公园、舞台、

① 美国纪念南北战争阵亡将士的节日，一般定在 5 月的最后一个周一。——译者注

度假木屋和水坝。这座水坝上有水轮和发电机，可以为园区提供电力。如今，大坝残留的混凝土基座仍然孤独地立在小溪边，静静地缅怀着往日的繁荣，上面盖满了厚厚的灰色落叶，脚一踩就能陷进去。

当地健在的老人对这一地区最深的印象是 1938—1966 年建立于此的童子军营地。那时候，孩子们会在这里露营、游泳，留下生动的童年记忆，直到一个不幸的男孩不小心从悬崖上跌落身亡。之后，这片土地被童子军组织卖掉，并于 1972 年建成自然保护区。如今，它由印第安纳州自然资源部下属的自然保护区分部拥有和管理。这也是印第安纳州西部鲜为人知的秘密景点之一。除了有一些当地遛狗的人、拿着相机的外地游客，以及偶尔来此从事科研项目的大学生，保护区通常很安静，一天有 10 个游客就算多了。对我来说，近 10 年来这里一直是我的心灵绿洲，是在玉米和大豆田组成的青翠海洋中仅有的荒野小岛。不管是严寒的冬天、闷热的夏天、起雾的秋天，还是多雨的春天，我都会来这里。第一次怀孕期间，我一直坚持沿着南北小径徒步旅行。之后再来时，我已经把马娅绑在胸前了。

在马娅 2 岁的时候，她已经可以在没有帮助的情况下徒步穿越崎岖的北环路。第二年，刚出生的小妹妹诺拉也加入了我们的行列，她被我紧紧抱在胸前。在这里，她们慢慢地从婴儿成长为蹒跚学步的孩子，而后又成了小小徒步旅行家。

阵亡将士纪念日那天，当我们开始向拱门跋涉时，只有少数几家人走在我们前面。我们到达小溪后，女孩们做了以前做过好几次的事情。她们脱得只剩内衣，跳进了没过脚面、缓慢流动的水里。我坐在一根原木上看着她们。此时阳光冲破云层，几缕光线在荡漾的水面上跳舞，女孩们咯咯地笑着，玩耍着，打起了几场友好的泥水仗。大约半小时后，她们上岸擦干身体，我们开始向车那边走去。

马娅先一步回到停车场，因为我还要等诺拉攀爬完一块岩石。我一到那里，就看见一辆印有印第安纳州自然资源部标志的棕色越野车和一名身穿制服的警察。然后马娅向我跑过来说道："妈妈，这里有个警察说我们不能在小溪里游泳。为什么啊，妈妈？"起初我以为是她误解了警察的意思，我便径直走向自己的车，准备离开。但事实证明错的是我。这位看起来 20 多岁的金发男警察，不仅刚刚告诉我女儿在小溪里游泳是不被允许的，还打算给我们一个教训。

"这次我就网开一面，虽然看起来不明显，但说实话，我已经算手下留情了。"他从车里拿了一些文件，回来对我们说道。根据他的解释，他只会对我们违反《印第安纳州行政法规》第 312 条 8-2-9 的行为，即"在未经授权的区域游泳"进行罚款，并不会对我们偏离路线、"扰乱野生动物"的行为进行额外追罚。

"你们在这里唯一能做的事就是沿着路线走，只能这么做。"他如此断言。

女儿们抓着我的短裤，焦急地想弄明白为什么我会被一名警察训话，而我站在保护区的停车场里，心里沉重得像是压了一堆锯齿状的宾夕法尼亚砂岩。如果在小径上行走是这个保护区里唯一被允许做的事情，他们大可以在入口处贴上"此处不欢迎儿童"的标志。我这才知道，这些年来，我因为允许孩子们在这里自由玩耍，可能早就在无意中违反了保护区的多条规定。

"你们后面还有一家人，他们回来的时候我也会给他们开罚单。"警察好像觉得这样会让我们感觉好受一些，补充道，"这些规定是为了保护你们的安全，水边有一些松动的岩石，而且溪水本身也会危害健康。上游农场的动物粪便会进入小溪，孩子们可能会感染大肠杆菌。"

我难以置信地盯着那张粉红色的罚单看了好一会儿，才给孩子们系好安全带，开车回家了。我们有一个月的宽限期来缴纳 123.5 美元的罚款，如果我们对这一处罚有异议，可以向法院申诉。

在接下来的几周里，我经历了一个类似于哀悼逝者的过程。最初的感受是拒绝承认现实。这样的事情怎么可能发生在我身上？毕竟，大家都知道我是一个环保主义者，也是本地的养生达人。我参与开办了一个农贸市场，组织了垃圾收集活动，促进了废物回收利用，还在小学里做了世界地球日演讲。我在后院种植有机蔬菜，让我的孩子懂得食物是怎么来的。我还试着说服我女儿的幼儿园改用环保的清洁产品。我的“环保家长”人设本应坚不可摧。然而现在，我却被指控犯下了破坏自然的离奇罪行，只因为我让孩子们在一个农业污水池里涉水。

之后的感觉是愤怒。为什么会有这种双重标准？如果这条小溪里满是农业废物，那么与其将徒步旅行的家庭视为“大规模环境破坏的武器”，更有成效的做法难道不应该是由政府出面追踪并阻止污染源吗？如果政府真的想要保护我们，那么发布一些关于污染和其他潜在危险的信息难道不会比罚款更有用吗？事实上，这条小溪几乎不怎么流动，而且迄今为止，我们家没有人患过急性腹泻，所以我觉得这里应该相当安全。我不禁想，如果当时我给警察看了那天我在小路上捡到的空泡沫塑料杯和塑料瓶，他就会明白在保护自然上我们真的是同一阵线的。如果他知道我女儿还帮助过路上遇到的箱龟，也许事情会朝着不同的方向发展。

接着我就陷入了悲伤之中。这里可以说是家附近 40 分钟车程内唯一可供我们使用的公共自然区域，但我知道从此以后这里就和之前不一样了。坦率地说，我都不确定我们是否还想再来。

为了厘清这一切，我在博客里写下了我们触犯法律的经历。这篇帖子迅速走红，引发了一场评论、分享和讨论的风暴，内容主要围绕的是让儿童接触自然与保护自然之间的冲突。显然，我触碰到了某个敏感话题。从本地人到全国各地的人都开始陆续讲述自己的故事。“我希望赶在保护区被禁止参观前，我的孙辈还能见一见那儿的美景。”网友特里写道，他年轻时曾在那里露营。

大多数本地人都站在我这边，说他们也会让儿女或孙辈做同样的事情。当然，舆论支持并不能让类似的行为合法，但至少能让我明白，我的观点并不是完全错误的。有一位女士分享了她因在保护区野餐而被罚款的沮丧经历；还有一个人告诉我，在得知我的经历后，她不会再带孩子去那里了。不出所料，没过多久，我就开始收到陌生人主动提供的法律建议，他们鼓励我起诉自然资源部。因为自然资源部没有警告公众小溪的污染情况。此外，还有人建议我对这位警察提出骚扰投诉，因为可以说是他毁了我本来很美好的一天。

然而其他评论者就不那么有同理心了。在我被指控的各项罪名中，如搅动小溪底部的沉积物、可能在路上破坏浣熊的巢穴、危害我孩子的健康、树立坏榜样、权利意识过于膨胀、抱怨无足轻重的问题等，最让我伤心的是，有些人竟然认为我那天在保护区的行为，为自己“赢得”了美国不良家长协会荣誉会员的资格。

对一些读者来说，真正重要的问题是保护区内是否张贴有游泳禁令。但答案并不是简单的“是”或“不是”。入口处的棕色金属标志上没有任何关于远离小溪的说明。上面确实说只能待在有标记的道路上，但是也有几条常有人走的小路通向水边，路边没有任何禁止通行的标志。我们是否离开了官方路线并不重要，因为当我女儿的脚趾碰到水面的那一刻，我们就违反了一项州法规。该法规规定，在任何公共水道涉水或游泳都是非法的，除非是乘船，或者那里是“指定的游泳海滩或游泳池”。即便符合上述要求，也还有其他一系列限制。这项规定所传达的信息似乎是，除非明确被允许涉水和游泳，否则就应假定这样做是违法的。至于这项法律规定是否明晰，以及政府是否应该公布所谓小溪污染源的相关信息，就是那些收费超高的大律师们会在法庭上辩论到时间尽头的问题了。

撇开所有潜在的法律纠纷不谈，对我来说，主要的问题并不是相关法规是否公开张贴在保护区，而是我无法理解这样的规定为什么会存在。我完全不曾想到我们那天的活动会破坏或是扰乱自然。在瑞典，你可以离开小径，去野餐、采花、摘蘑菇，还可以在包括自然保护区在内的几乎任何地方尽情游泳。将儿童玩水视为犯罪或对环境的威胁的想法简直闻所未闻。入乡随俗，道理我懂，但瑞典的生活经历告诉我，保护环境的方法不止一种。

关于污染本身，自然资源部自己的游览指南将保护区的小溪描述为“非常干净的溪流，几乎没有污染”。但当我打电话给自然保护区管理部门时，我又被告知小溪中充满了农业肥料和废物。然而，真实的情况永远无法确定，因为我还被告知，政府缺乏资金来检测水质，更不用说清理污染了。

无论如何，那天的事情不仅仅是忠于职守的环境保护官员和自尊受挫的我之间的故事。全美各地的人对此事的反应让我意识到，我并不是唯一一个感觉户外活动越来越不受欢迎的人，尽管有研究证实户外活动对儿童的身心健康至关重要。我的一位读者劳拉说：“有一次，我儿子因为试着把石头扔进河里而被批评，说他可能会伤害大型无脊椎动物。”来自纽约的希瑟评论道：“可悲的是，那些曾经正常的活动现在受到各种匪夷所思的限制，只是为了逃避责任，或者纯粹就是为了赚钱。”

迈克尔·兰扎（Michael Lanza）在回应我们的故事时说："现在有太多的父母和执掌权力的人坦然接受了他们的上一辈会嗤之以鼻的规定。"兰扎是《在他们消失之前》（*Before They're Gone*）一书的作者。"除非我们抵制这种趋势，否则我们可能会培养出一代不重视户外活动的孩子。他们甚至不会重视自然保护，到时就连不能在小溪里玩耍的保护区都会消失。"

在某种程度上，我们在保护区经历的事件也是理查德·洛夫在他的畅销书《林间最后的小孩》中首次提到的宏大叙事的一部分。我从同龄或更年长的美国人那里听过很多类似的故事，时间和背景各不相同，但相同的部分总是这样的：我们小的时候，成天在树林里玩耍，建造"堡垒"，在水中嬉闹，尽情发挥我们的想象力。我们一大早就被妈妈赶出门，天黑之前根本不会回家。

时代发生了巨变。曾经，户外活动对学校和家庭来说都是很正常的，孩子们就像曾经在这个保护区露营的童子军一样，还会学习宝贵的户外技能。然而现在许多孩子接触到野外的唯一渠道却是在有空调的自然保护中心室内参观游览。在许多公园和保护区里，任何与自然互动的有意义的活动现在都被禁止，到处都张贴着"只能看，不要碰"的警示语。大多数私人土地所有者可能宁愿邀请社区里最不受欢迎的人共进晚餐，也不愿让无人监管的孩子在他们的土地上玩耍。这一转变通常被归咎于对电子产品的过度依赖、无理取闹的诉讼、过于紧凑的日程安排、标准化考试的泛滥，以及家长对陌生人、交通和自然本身的恐惧。

哀悼的最后阶段是接受。有一段时间，我考虑过上诉，但后来我还是决定放弃，并支付了罚款。规矩就是规矩，即便我本无意违规。当我跟印第安纳州自然资源部下属的自然保护区部门主管约翰·巴肯（John Bacone）谈及我的经历时，我惊讶地发现，我们在这个问题上基本达成了一致。“孩子们不像以前那样在外面玩了。”他叹息道，“我们需要让他们再次走出去，这样他们就不会只是待在家里玩电子游戏了。”

但是该怎么做呢？过去 7 年来，我在似乎并不重视户外活动的文化中，一直努力让我的女儿们尽可能地与大自然保持联系。违法游泳事件是压垮我们的最后一根稻草。我不禁开始怀疑，要让女儿们拥有像我一样的童年是一件完全没有可能实现的事情。

除非我把她们带回我的祖国瑞典。

There's No Such Thing
As Bad Weather

北欧育儿秘诀 第 1 条

从你的孩子还是婴儿开始，就将每天的户外活动列为优先事项，让户外活动从一开始就自然地融入孩子的日常生活。请记住，并非每次自然体验都必须去风景秀丽的国家公园进行一次宏大的探险。观看毛毛虫穿过小道，或者就躺在后院的草地上看着云朵飘过天空，对孩子来说都是伟大的冒险。你可以和孩子一起经历这些日常的自然体验，并反复去相同的地方，从而让孩子与社区及附近的自然区域建立牢固的联系。

建议阅读：理查德·洛夫：《林间最后的小孩》，美同、海狸译，北京联合出版公司 2022 年出版。

第 2 章

新鲜空气必不可少

让孩子呼吸新鲜空气是最基本的育儿责任

仅次于食物、睡眠和父母的爱

* * *

There's
No Such Thing
As
Bad Weather

新鲜空气会影响儿童的体质，尤其是低龄儿童的体质。它会进入柔软肌肤的每一个毛孔，对他们的身体产生强大的影响，其效果永远不会被磨灭。

——让 - 雅克 · 卢梭（Jean-Jacques Rousseau）

我渴望回到瑞典还有另一个更为紧迫的原因。那次因违法游泳事件争取权利失败后，大约过了一个月，我爸爸突发严重胃痉挛，被送到了医院。经过紧急手术，医生发现他的大肠里还有一个破裂的恶性肿瘤。虽然熬过了手术并发症，但他还在生死的边缘挣扎。如果说我在大学刚毕业时搬到美国，似乎是一场盛大的浪漫冒险，那么在人生的这一阶段与年迈的父母相隔 6 000 多公里，就很难说是什么理想生活了。我爸爸正处于艰难的手术恢复期，随后还要经历 6 周的化疗和放疗，然后是另一次切除肿瘤的手术。在那之后可能还有更多的化疗，因此我打算在瑞典多待一段时间。我预定了 2016 年 1 月初的航班，这意味着我和女儿们到瑞典的时候，我爸爸的第二次手术刚结束不久。我们会在瑞典逗留将近半年时间，到 6 月回家。我丈夫虽然并不怎么喜欢独守空房，但情况特殊，他也能理解。

在印第安纳州的家乡小镇上，我们要在海外逗留很长时间的消息迅速传开了。尽管大多数人都为我们感到高兴，但也有人表达了种种担忧，而这些忧虑都可以归结为美国父母最大的恐惧之一：我要带女儿们去瑞典待上将近 6 个月，这会导致孩子的学习进度落后。

我自己也有一些顾虑。我担心两个孩子会想念她们在美国的爸爸、朋友和亲戚，还有马娅可能会难以适应瑞典的新学校。然而，我并不在意她将错过一个学期的二年级数学课程这件事。毕竟，她将在瑞典的一所公立学校上一个学期的课，而且她已经会说双语了，我觉得这对她来说可能是此生仅有的一次沐浴瑞典传统文化的机会。因此，在我看来她已经领先同龄人了。

出发之前，我和马娅的老师见面讨论了即将到来的旅程，以及在外期间我该怎么帮助马娅跟上学习进度。这位老师很关心马娅，也很热情真诚。“我并不是想要给你增加负担，我只是想让她在上三年级时更轻松。”她领着我过了一遍在瑞典期间要自学的数学、阅读和写作课程，然后带着歉意地说道，“作为一名二年级老师，我很有压力。因为我希望孩子们为三年级的考试做好准备，否则会给三年级老师添麻烦。”

我看着面前的一大摞课本和练习册，有些烦躁，然后想起了前一周，我和马娅的一位同学的祖母的谈话。她的孙子正在读三年级，这是很关键的一年，全州的学生都要按照《不让一个孩子掉队法案》（*No Child Left Behind*）[①] 的要求，参加印第安纳州全州教育进步测试（ISTEP）。“等上了三年级，”这位祖母用沉重的声音告诉我，“情况可就大不同了。孩子们会有很多的家庭作业，还有额外的学分项目。”她耸耸肩笑道，“我不知道这样拼是为了什么，但我觉得这样行不通，因为孩子们还没上高中，就已经筋疲力尽了。”

我和马娅的老师谈完后感觉很沮丧，不过我还是尽职尽责地把厚厚的课本和练习册塞进了本就已经鼓鼓囊囊的行李箱里。我不禁开始怀

① 该法案于 2002 年起施行，旨在提高因种族歧视、家庭环境等原因处境不利的学生的学业水平，并对公立教育机构提出了一系列考核标准。——译者注

疑，要是我不能带着马娅跟上每周的拼写和数学练习，她就不能通过三年级的标准化考试，甚至永远失去进入哈佛大学的机会。哦，还是算了吧，她就算进不了常春藤联盟大学，也有许多方法可以过得很好。

我们前往瑞典的飞机在一派冬日风光中落地。我妈妈开着那辆整洁但有点老旧的旅行车来接我们。这辆车也是我们接下来几个月的座驾。我们驱车前往布罗斯市，这座当时有着 7 万人口的城市是我上高中的地方。女孩们在后座上好奇地看着路上的风景。以前我们每年夏天回来探亲时，都会走这条路，但这个季节的风景却和夏季时大不相同。漫长的松树林带和守护野生动物的围栏逐渐淡出视野，取而代之的是文明的印迹：工业园区与城镇混杂在一起。小镇的规模不大，仅容纳了一座加油站、一所学校、一个足球场和一家由土耳其移民经营的比萨店。然而就在你以为已经离开了森林的时候，前方视野又被森林吞没，直到下一个小镇被森林“吐”出来。

在瑞典，森林无处不在。瑞典有超过 870 亿棵树，相当于平均每个国民拥有 3 个半足球场的树林。马娅也注意到了这一点。“我知道瑞典最常见的树是什么了，妈妈。”她在后座观察总结道，“是松树，这里的松树太多了。”经过一场降雪，一望无际的针叶林看上去就像是洒满了打发好的蛋清。然而我的注意力并不在树林上，我在寻找人类活动的痕迹。上次在瑞典过冬还是多年以前，我有点怀疑这里的人们是不是仍像以前一样热爱户外活动。毕竟，我以前住在瑞典的时候，平板电脑还没有出现，纤维指的还是可以帮助人们保持身材的膳食纤维，而不是光纤这种将整个国家所有公寓、房屋和村舍都连接到互联网中的千兆字节“高速公路”。网络生活的广博与趣味是可以与斯堪的纳维亚的传统“户外生活”一争高下的。

但我很快意识到自己无须担心。当我们刚离开高速公路主路，驶向我们即将居住的阿斯珀勒德小镇时，我就看到了许多在户外活动的身影。一个男人遛着 3 只圣伯纳犬，一位耄耋老人拄着登山杖取信，几个孩子拉着雪橇，还有几名青少年正在步行。当然，泥泞的人行道上也少不了一群推着婴儿车的父母，后面还跟着穿着防寒服、蹒跚学步的孩子。附近一个结冰的湖面上，一群孩子正在打曲棍球。几公里外的停车场里挤满了全家出动、准备参加越野跑的人。

“这房子看起来棒极了！”当我们抵达租下的那间红白相间的 19 世纪乡村小屋时，我妈妈兴奋地喊道，“我觉得之前的装修风格有点沉闷，所以我替你们将房子重新装修了。原来都是大块的黑色和白色，但我觉得你们应该需要更多的色彩。”她是对的。这里和我们上次回瑞典过暑假时第一次看到的样子完全不同了。经过彻底的装修改造，在这间不到 50 平方米、仅有一个卧室的乡村小屋中，新旧元素已经自然地融合在了一起。餐桌上方挂着一个漂亮的古董吊灯，旁边是亮白色的宜家厨房，配有先进的嵌入式电磁炉。破旧的塑料地板被换成了时尚的木地板，上面还铺着一些尺寸不一的碎布拼接地毯。在唯一的卧室里，有一面墙上贴着现代风格的黑白树纹壁纸，前面摆着一张清漆松木双层床。浴室里原来的堆肥式旱厕已被拆除，换成了现代节水式马桶，女孩们都惊叹于其新颖的音效和精巧的冲洗程序。这个马桶里的排水管比正常的要小，每次冲水量只有 500 毫升，这样确实有利于环保，但对抽吸力度要求比较高。我有点担心，也有点怀疑。一开始如厕时我还有点紧张，但是让我很惊讶也很欣慰的是，我们的马桶每次冲水都冲得很干净。

不过，这个房子还是有些问题的。“地板有点冷。”我妈妈一边说着，一边从包里拿出一个礼品盒，“这是一份迟到的圣诞礼物，我觉得应该能派上用场。”盒子里是一双带有瑞典传统花纹的灰色针织羊毛袜。我立刻就把它们套在了我正穿着的羊毛袜上，但我还是觉得自己好像赤脚走在冷冻室里一样。

浴室里还有一个洗衣机，它看起来像是来自 7 个小矮人的小屋。厨房里也有一个同样小巧的洗碗机。房东已经告诫过我妈妈，如果同时使用这两件电器就会烧坏保险丝。此外，淋浴花洒只有两种出水模式：一种像冬季山间溪流一般冰冷的水，另一种像被游客惹毛了的驼鹿的怒火一般灼热的水。我第一次打开花洒时，差点被热水烫熟了。然后，当我抹好泡沫准备冲洗干净时，热水突然就没了。通过慢慢摸索，我发现热水器只能提供大约 4 分 35 秒的热水，刚好够我快速涂抹洗发水和护发素，然后将其冲洗掉，但是没有刮腿毛的时间。幸运的是，我的腿至少要 4 个月后才会再次见到阳光。

这间小屋由一个壁挂式热泵和几个零散的暖气片供暖，一旦室外温度降至零下 18℃以下，暖气很快就不起作用了。我们入住几天后的一个寒冷夜晚，我穿着新的羊毛袜、长款保暖内衣和针织无檐帽上床睡觉，却还是在厚厚的羽绒被下瑟瑟发抖。电视只有 3 个频道，家里没有互联网，至少还要等一周才能联上网。在接下来的 5 个月里，我要穿的所有衣服都可以塞进梳妆台的两个小抽屉里。我拥有一切必需品，但也仅此而已。于是我深情地将我们的新家命名为“小木屋”。

如果你在一个地方长大但后来离开了很长时间，当你再回来时会有一种奇怪的既熟悉又陌生的感觉。不管你是否主动去寻找，你的过去一直在那里，回忆迟早都会找上门来。当我在布罗斯市区附近的一间杂货店里结账时，发现收银员竟然是我的老同学，她就在附近的另一个小镇中长大。

为了避免影响后面排队的人，我尽量简短地给她讲了我的故事。“你现在住在那么偏僻的地方吗？”她难以置信地说，“好吧，欢迎来到世界尽头！还好我已经从那里搬走了，搬进了城市。”

20 年前，我还在读高中时，似乎也说过差不多的话。不过离开很久之后再回来，我开始以全新的眼光看待一切。确实，阿斯珀勒德唯一一家杂货店几年前就关门了，最近连公共汽车都不经过这里了。以前的两个基督教集会合并成了一个。虔诚的教众仍然每周日聚会（礼拜），而且对于其他村民来说，19 世纪的山间教堂也是举行重要仪式（如洗礼、毕业典礼、婚礼和葬礼等）的热门场所。不过，这个小镇就像瑞典的很多其他小镇一样，社交活动的中心其实在城区 1 公里外，那是一家俱乐部——一座外观棕白相间的建筑。本地的体育协会在这里组织了一系列令人印象深刻的家庭活动：儿童越野滑雪、儿童和成人足球联赛、每周家庭骑行聚会、体操和曲棍球锦标赛、跑步以及各种非竞争性的家庭户外活动等。就在几个月之前，志愿者们还建成了一个新的户外健身房，里面有训练用的轮胎、单杠和攀爬架。所有这些活动和设施都只为不到 1 000 人的社区居民服务。

小木屋距离俱乐部大约 1 公里，坐落在一条车流稀少的狭窄柏油路和一个大湖之间。湖水干净清澈，但非常冰冷。沿着柏油路走几百米就是一个以落叶林为主的小型自然保护区，里面有一条古老的步道，其起源可能要追溯到绝大多数人以步行为主要交通方式的年代。小镇的西边是一片沼泽，南北两面都是茂密的松树林。即使是阳光明媚的日子，树林里也只有丝丝缕缕的光线能照射到地面那柔软明亮的绿色苔藓上。无论朝哪个方向看，我都完全沉浸在自然世界中。在这里，我的生活回归到最简单的状态，只需要关注自然、家人和自我。如果这就是世界的尽头，那么我很乐意在此居住。

到瑞典数天后，我们去看望了刚出院的爸爸。他很累，但精神不错，而且迫不及待地想回到户外。“在医院里待了两周，一直没有新鲜空气。”他摇摇头，喃喃自语道，“这可不行，我们的身体需要新鲜空气。”考虑到我爸爸的吸烟史长达 45 年，直到最近才戒烟，他可能并不是很有资格定义什么是新鲜空气。尽管他并不总是能做出最健康的选择，但和大多数瑞典人一样，他对自然有着与生俱来的向往。去年夏天和秋天，在紧急手术之后的艰难恢复期，他每天都在我度过童年的房子后面的树林里散步，为放疗和化疗做准备。有时候，他走不了太远，因为手术并发症让他感到疲倦，喘不上气。除了这些时候，他每天上午 11 点都准时和邻居伯恩特一起散步，风雨无阻。他觉得自己的身体每天都在好转。

在重新认识瑞典的过程中，我很快发现了另一件事：我周围的大多数人身材都好得让人嫉妒。我自己一直都吃得很健康，并且经常锻炼。说实话，这主要是为了继续吃巧克力和不必买大号的衣服。但我显然对附近那群爱穿专业运动服的中年男子一无所知。马路上的雪刚被扫完，他们就骑着昂贵的专业自行车从小木屋旁呼啸而过。我与一些老朋友联系后才了解到，这里的人们对“户外生活”、健康和健身的兴趣似乎又达到了一个历史新高度。我一位朋友的丈夫在对运动最着迷的时候，甚至被他的朋友说服参加了瑞典经典巡回赛。这项比赛历时 12 个月，包含 4 场竞速活动：90 公里的越野滑雪、300 公里的自行车骑行、3 公里的开放水域游泳和 30 公里的长跑。我另一位朋友的丈夫突发奇想，要和几个一起锻炼的小伙伴去攀登凯布讷峰。那是瑞典的最高峰，海拔 2 097 米。我还有一位朋友为了给男朋友庆祝生日，和他一起报名参加了挪威的 32 公里越野跑，现在他们正在努力备赛训练。

这次回来，我似乎赶上了一个健康意识觉醒的新时代。

雪国奇景：户外午睡的婴儿

在丹麦有一句古老的谚语：“新鲜空气会让医生失业。”不过具有讽刺意味的是，北欧人对新鲜空气的热爱其实起源于室外空气并不怎么新鲜的时代。在 20 世纪初，孩子们经常在户外玩耍。但恶劣的卫生条件、各种疾病，以及煤和柴火炉燃烧产生的烟雾等不健康因素合在一起导致肺结核肆虐。当时为数不多的治疗方案之一，就是将患病的儿童和成人送到位于乡村的疗养院，鼓励他们健康饮食，多在户外休息。尽管这种措施对治疗肺结核来说不是很有效，但是人们发现大自然还有其他的治疗功效。很快，富人们不论是否生病，都开始涌向乡村，以获得亲近自然的机会。家庭条件差的孩子们则被送往夏令营，或者长期住在乡下亲戚家里。

20 世纪上半叶，瑞典著名记者、作家艾琳·瓦格纳（Elin Wägner）认为，每天花时间在大自然中对我们的身心健康，以及地球环境的保护都至关重要。她的观点后来被广泛接受。文化和学术精英们开始宣传瑞典人与自然融为一体的理念。1940 年，一份政府报告首次建议将城市的公共空间留作户外休闲之用。在这份报告中，首次出现了“公共通行权”一词，不过相关习俗其实自中世纪以来就一直存在。第二次世界大战后，城市化和工业化程度提高，瑞典人比以往任何时候都有更多的闲暇时间和金钱。自然不再只是生存的必需品，而是欢乐的源泉，同时它也成为国家身份的象征，就像国旗、国歌和瑞典语的地位一样。户外也被称为民主的聚会场所，在那里每个人都是平等的，无论贫富。瑞典旅游协会、教育系统和其他机构通过鼓励人们享受户外生活，并教育儿童了解野生动物和环境，推广了这种全新的、积极的自然观。为了保护独特的自然景观，各处国家公园和自然保护区逐渐建立起来。到 20 世纪中叶时，新鲜空气已被确立为公共卫生的支柱，其重要地位一直延续至今。

在北欧，人们相信呼吸新鲜空气对身体有益，适合所有年龄段的人，尤其是婴儿。每天呼吸新鲜空气对婴儿来说是必不可少的，重要性仅次于食物、睡眠和父母的爱。对婴儿来说，最常见的呼吸新鲜空气的方式是在户外舒服地待在婴儿车里。北欧的婴儿车与美国大多数婴儿车及其他出行设备不同，后者主要是为便携和无缝衔接汽车而设计的。如果说美国式婴儿出行设备相当于一辆丰田轿车，重量轻、体积小，方便在拥挤的商场停车场中穿行，那么大多数传统的北欧式婴儿车就像能在崎岖的山路上稳定行驶的沃尔沃汽车，采用了重型底盘。北欧父母购买婴儿车时，不会考虑杯架、零食袋之类的功能设计，而是看重具备强抓地力的大尺寸轮胎和优越的悬挂系统[①]，以克服恶劣路况和雨雪泥泞。更重要的是，这种在瑞典语中被称为"barnvagn"的婴儿车可以让婴儿平躺着睡觉。这一点很关键，因为这种婴儿车不仅可以在城里散步时使用，还可以凭借其特有的平底，兼作户外的移动婴儿床。

北欧人一年四季都把婴儿车停放在户外的做法至少可以追溯到一个世纪以前。那时的室内空气质量差，许多儿童患有佝偻病和其他疾病，儿童死亡率很高。在芬兰，一位名叫阿尔沃·于尔珀（Arvo Ylppö）的著名儿科医生着手改变了这一切。他被誉为"芬兰的本杰明·斯波克（Benjamin Spock）[②] 医生"。在 20 世纪 20 年代，他开始向新手妈妈们分发育儿指南，以改善婴儿的健康状况，提高他们的存活率。在他的许多建议中，有一条是让孩子经常接触阳光、新鲜空气（包括冷空气），以创造"健康的血液"，预防疾病。他认为冷空气可以通过改善鼻子和嘴巴的血液循环来提高人体对细菌的免疫力。1992 年于尔珀去世时，芬兰的婴儿死亡率已从 1920 年的 10% 降至 0.6%，芬兰成为世界上婴儿死亡率最低的国家之一。

人们普遍认为婴儿死亡率的下降应归功于于尔珀，而且他的影响力

① 指连接车身与车轮的部分，能承受并缓冲来自地面的冲击力。——编者注

② 本杰明·斯波克是美国著名儿科医生，其 1946 年出版的畅销书《婴幼儿保健常识》影响了许多美国父母。——译者注

一直延续至今，芬兰政府如今仍在推广户外小憩。例如，所有初为父母的人都会收到一本名为《在芬兰生孩子》的教育手册，其中明确推荐道：“无论什么季节，都有很多孩子傍晚在室外的婴儿车里小睡。孩子在户外新鲜空气中睡觉比在卧室里睡得更好。睡在户外对婴儿来说并不危险。”

当马娅和诺拉出生时，户外睡眠也是我最早实践的北欧育儿传统之一。我就像前几代瑞典人所做的那样，凭直觉在婴儿车里铺上羊毛毯，放好婴儿睡袋，把孩子一层一层地裹起来，推着婴儿车走来走去，直到孩子睡着。然后我会把婴儿车停放在自家后院门廊的墙边，打开婴儿监视器，然后自己回到屋里。在那之后，我就从“带着狗散步的女人”变成了“把婴儿留在室外睡觉的女人”。因为担心有人会打电话给美国儿童保护协会，所以除了亲密的朋友和家人，我没有向任何人宣传这种户外睡眠养生法。然而在瑞典，我的朋友们会因为做了同样的事情而被称赞为“有爱心的好父母”。塞西莉亚是我在斯德哥尔摩的一位朋友，她是个精力充沛的红发女孩，脸上的笑容很有感染力。她觉得每天让两个女儿呼吸新鲜空气是她最基本的育儿责任之一。

她说：“我从小就认为每天呼吸新鲜空气很重要，我也正是这样养育女儿的。在我的印象中，如果不每天把孩子带到外面，人们可能会认为我是一个不称职的家长。”

塞西莉亚的大女儿玛蒂尔德出生时，气温徘徊在零下15℃左右。在这种情况下，要带着孩子去寒冷的户外活动，确实有点让人畏惧。不过，等塞西莉亚适应了母亲这个角色，气温也上升到零下8℃左右，这时，她开始定期带着她的女儿在寒冷的温度下散步。她回家时不会叫醒女儿，而是把婴儿车留在自家后院门廊的墙边，自己则回到屋里。冬天，她会在婴儿车旁放一个婴儿监视器；夏天，她会把门廊的门微微打开。她所做的这一切都是为了让孩子尽可能呼吸到新鲜空气。

“当然，我会时不时过去查看，就像她们睡在屋里的时候一样。”她说，“如果气温低于零下 10℃，我不会把她们单独放在外面，但我还是会带她们去散步。如果下雨，我就在婴儿车上套一个防雨罩，然后再出去。不能让坏天气阻止你出门。”

塞西莉亚的女儿们总是在户外睡得更久、更沉，很多北欧父母都有同感。“根据我的经验，孩子们在户外睡得更好，因为他们能呼吸到新鲜空气，而且他们也习惯了在正常的背景噪声中睡觉。”我的表妹约瑟芬说，“我也认为这样他们会更健康。至少他们打完盹以后脸颊红润，看起来很健康。”她的女儿瓦莱丽才一岁，但从两个月大起就每天在户外睡 3 小时。

当然，并不是所有北欧人都有一个可以停放婴儿车的后院门廊，也不是所有北欧人都住在一个可以毫无顾忌地将婴儿车停放在户外的地方，但他们仍然不遗余力地每天让年幼的孩子呼吸新鲜空气。那些不能把孩子安全地独自留在外面的人，经常会推着婴儿车在外走上好几小时。有时，他们还会成群结队地出门，塞西莉亚开玩笑地称他们为“婴儿车暴走族”。住楼房的人有时会将婴儿车或摇篮放在阳台上。事实证明，比起其他休息方式，他们的孩子也更习惯在户外睡觉。

塞西莉亚说：“很多习惯睡在外面的孩子，除非躺在婴儿车里，否则完全无法入睡。我认为他们经常在户外活动，身体和精神都更好。”

令人惊讶的是，关于户外小睡的研究并不多。不过 2008 年芬兰的一项研究明确证实，儿童在户外睡着的时间更长。这项研究是在芬兰奥卢市进行的，当地 95% 的父母通常从孩子几周大的时候就开始让他们在户外打盹了。该研究还表明，理想的小睡温度为零下 6℃。不过还有许多父母表示，他们会让孩子待在温度低至零下 15℃（甚至更低）的室外环境中。大多数家长还表示，他们的孩子在寒冷的户外打盹后更加活跃，胃口也更好。高达94%的家长认为在户外打盹“有益健康，因为空气清新”。

在我自己的印象里，在户外打盹也比在室内睡觉更健康。但这是否科学呢？瑞典儿科专家罗兰·森纳斯坦（Roland Sennerstam）表示，从环境微生物控制的角度来看，这种做法非常合理。他建议婴儿和儿童在上午和下午都要外出。“根据经验，你可以让婴儿在温度低至零下10℃的户外环境中睡觉，”他说，“低温会让人生病是一种误解。我们生病恰恰是因为在室内待的时间太长，相互离得太近，才会感染病毒和细菌。在托育机构被感染的风险尤其高，那里可能有20个孩子整天待在充满细菌的环境中。”

此外，1990年瑞典健康和福利委员会对瑞典幼儿园（本质上类似于日托班）的一项研究表明，每周待在户外的时间少于5小时的儿童比每周在户外待6～9小时的儿童更容易生病。1997年，另一项研究将传统幼儿园与所谓的森林学校，即孩子们大部分时间都在户外的学校进行了比较，证实了户外活动多的儿童生病请假的天数通常较少。

密苏里大学堪萨斯城分校的一项研究表明，在刺激较多的户外环境中进行活动对大脑发育也有好处，而儿童的大脑发育黄金期正是0～3岁。听飞机的声音，抓一片树叶，闻大海的味道，观察自然界中的颜色和形状，在粗糙的地面上爬行，体验不同类型的天气……这些都有助于在婴儿的大脑中形成神经通路，从根本上为以后的学习铺平道路。“当婴儿尝试通过周围的噪声、景象和发生的事情来理解世界时，他们的大脑吸收的东西比我们意识到的要多得多。”研究者指出，“户外活动让婴儿有机会发展他们的感官能力。”

所有瑞典幼儿园的指导文件都要求保证儿童有时间在户外活动。甚至在北欧地区的传统幼儿园中，让低龄儿童睡在户外也是极为普遍的现象。到了午睡时间，经常可以看到婴儿车靠墙排成一条长龙，午睡的婴儿就这样睡在户外。在丹麦，一些幼儿园甚至有专门的区域，里面有固定的像婴儿车一样的摇篮，最小的孩子可以在那里睡觉。在北欧，幼儿园如果缩减户外午睡或游戏时间，会很快引起家长的愤怒，因为他们认为这是幼儿园必须提供给孩子的。

在瑞典全民医疗保健系统工作的护士也建议父母每天带孩子到户外呼吸新鲜空气。“如果天气不好或者孩子生病了，有些人就不敢出门。”洛塔·博林（Lotta Bohlin）说，“除非孩子真的病得严重，不然我们还是建议他们多呼吸新鲜空气。只要他们安安稳稳地待在婴儿车里，发低烧时去外面也是没有问题的。每天晒点日光很重要。”她是瑞典众多护士兼助产士中的一员。从孩子出生到上学期间，护士兼助产士都会为他们提供免费的健康检查。

在北欧，不管天气如何都要让孩子在户外打盹和玩耍的做法不仅很常见，而且也被视为保证孩子身心健康成长的关键。但有些习惯在跨文化交际中注定会遇到障碍。

例如，在美国，让婴儿在户外小睡的做法就名声不佳。1997 年 5 月一个凉爽的周六晚上，一名丹麦游客因为将自己 14 个月大的女儿独自留在纽约一家餐馆外的婴儿车里而遇到了麻烦。这名游客名叫阿妮特·索伦森（Anette Sørensen），她和丈夫当时在纽约东村的达拉斯烧烤店一边喝酒，一边透过窗户看着熟睡的女儿。但是纽约警察局的警察突然出现并逮捕了他们。有人（新闻报道中并没有说清楚是服务员、顾客还是路人）注意到了路边婴儿车上的女孩丽芙，因为担心她的安全而报了警。索伦森目瞪口呆。她试图向警察解释，让婴儿在户外打盹在她的家乡是普遍的做法，是为了让婴儿健康，但毫无效果。

两人都被指控危害儿童安全，在被带到警察局后，他们接受了脱衣搜身，并在拘留中度过了周末。与此同时，丽芙则被送去检查是否有被监护不周和遭受性虐待的迹象，并被安置在临时寄养中心。后来指控被撤销，丽芙和她的母亲在四天后团聚，但这起案件在大西洋两岸引发了一场关于育儿文化的激烈辩论。

父母和专栏作家都对把婴儿留在商店和餐馆外的行为发表了看法。虽然在曼哈顿接受《纽约时报》采访的大多数人并不认为索伦森夫妇主观上有恶毒意图，但都认为他们过于疏忽。当时的市长鲁迪·朱利亚尼（Rudy Giuliani）甚至公开谈论了这起案件，并为警察的行为辩护，称他们“做了正确的事”。《纽约时报》撰稿人克莱德·哈伯曼（Clyde Haberman）挖苦道：“天气预报说，昨天哥本哈根相当冷，气温接近0℃，还会下雪。按照阿妮特·索伦森的逻辑，这对于丹麦妈妈们来说是一个绝佳的机会，她们可以把婴儿裹得严严实实，留在婴儿车里，让他们在户外享受清新的空气，而母亲们则待在舒适温暖的室内。”

然而在丹麦，许多人对索伦森和她女儿的遭遇感到震惊。正如索伦森试图向纽约警察解释的那样，在丹麦咖啡馆和餐馆外看到婴儿独自待在婴儿车里是很常见的事情。而且索伦森被捕当晚的温度，据报道是在10℃左右，以北欧的标准来看相当暖和。当然，天气并不是索伦森一案中唯一的问题。哥本哈根有百万人口，犯罪率较低，大多数人都很友好，跟纽约的环境相差甚远。尽管索伦森的辩护律师将餐厅所在的第二大道132号描述为一个安全的旅游区，但其他许多人却称那里充斥着毒品和犯罪。夜幕降临，小丽芙却还在外面的婴儿车里熟睡。

考虑到当时的情况，索伦森这样做是不是太天真了？绝对是。行为是不是不负责任？也许是。但是有没有构成犯罪？以北欧的标准来看绝对没有。从北欧人的角度来看，比起将孩子留在餐馆外，但能透过窗户看着她，警察将父母带走，令他们不得不在监狱里待两个晚上，还指控他们危害儿童安全，而且在孩子成长的关键时期将其从父母身边带走四天，这些行为更令人震惊。

显然，并非所有斯堪的纳维亚人都学到了索伦森一案的教训。2011 年，一名 30 多岁的瑞典妇女在马萨诸塞州阿默斯特的一家墨西哥餐馆外离开她熟睡的1岁孩子，进去点了一份墨西哥玉米卷。据瑞典《晚报》报道，她离开了大约 10 分钟，并透过窗户看着她的孩子。在北欧，这可能不会引起任何担忧，但在阿默斯特，有人认为应该报警。尽管婴儿被发现时精神状态良好，母亲也在场，但案件还是被移交给了美国儿童保护协会。该机构计划“调查孩子是否得到了良好的照顾”，即这名瑞典妇女是否符合“好母亲”的标准。据报道，当警察出现在餐厅时，她的辩护词与索伦森的非常相似：“这在瑞典很常见，一点也不奇怪。”

设身处地想想，我可能不会像索伦森或另一位女士那样做，但她们的故事很有趣，因为在某种程度上，她们的遭遇是一幅缩影，展现了两种截然不同的育儿文化的冲突。一种是对每天呼吸新鲜空气的狂热，另一种是对安全的痴迷。在索伦森于纽约被拘留事件的十几年后，我发现自己也陷入了两种育儿文化的冲突之中，因为我生下了马娅，并准备在美国抚养她。

户外生活
小贴士
There's No
Such Thing As
Bad Weather

户外小睡指南

户外小睡的秘诀是根据天气穿衣服，因为太热或太冷对婴儿都不好。给婴儿穿衣服，就像给自己穿衣服一样，不要因为是给婴儿穿衣服，就穿太多。最后一点，在考虑天气是否适合在户外小睡时，父母要有良好的判断力。以下提示可以帮助到刚开始尝试让婴儿户外小睡的父母：

- 非常小的婴儿应该仰卧在有平底或摇篮的婴儿车里睡觉。
- 将婴儿车放置在靠近墙壁和避风的地方，并确保婴儿不会淋到雨。
- 在夏季，要确保阳光不会直射婴儿。
- 使用婴儿车防虫罩保护婴儿免受臭虫和可能吹入婴儿车的杂物的伤害。
- 在冬天，用分层穿衣法，让婴儿穿得暖和。在非常寒冷的温度下，最好将长款羊毛内衣穿在最里面，并使用睡袋。在婴儿车内铺上羊绒毯子有助于保温。
- 避免将婴儿裹得太紧，因为这会使婴儿不容易呼吸，增加婴儿猝死的风险。
- 在婴儿车旁放置婴儿监视器或打开窗户，并定时查看婴儿的情况。

课间滑雪：冬日的勇敢之旅

在瑞典，大多数孩子在 6 岁那年就开始上所谓的学前班，尽管这不是强制性的。如果不是确实相差甚远，我会把它比作美国的幼儿园。不过据一些年长的美国老师说，它很像 30 年前的美国幼儿园。正式的义务教育从第二年开始，那时孩子们 7 岁，开始上一年级。马娅从 5 岁起就在印第安纳州开始上全日制幼儿园，接受了正式的学科教育，比瑞典同龄人早一年上学，所以她来瑞典以后会跟表哥奥利弗一起上二年级。

在马娅第一天上学前的晚上，我们这里的积雪有 10 多厘米深，有那么一瞬间，我在想学校明天是否会关闭，或者至少推迟两小时入学。在美国时，从马娅上幼儿园开始，上学要看天气一直是我们的生活常态，也难怪我的大脑出现了恍惚。随后我记起来，在瑞典，冬季时所有车辆都要强制安装雪地轮胎，学校和工作场所也都照常开放。我好不容易驶出小木屋的微型停车位，接着就转错了弯，不过最终还是找到了正确的路。我们快到学校时，看到了路边步行的孩子，有的由父母和弟弟妹妹陪同，有的独自上学。所有人，无论年龄大小，都穿着那种亮黄色的反光背心，大多数美国人看到它时可能会联想到专业的狩猎装备。但是在这里，对路上的行人来说，这种背心只是一种平价实用的安全保障。早上快 8 点的时候，学校仍然笼罩在黎明前的昏暗中。

我们走进学校大楼时，马娅的同学们正在排队，准备依次进入教室。在经过我们右手边的几台工业规格的干燥柜后，按照瑞典学校的惯例，我们把雪地靴留在走廊里，穿上准备在教室里穿的拖鞋。马娅的老师苏珊娜，一位留着黑色短发的高个子女士，带着温暖的微笑迎接我们。“欢迎，马娅！我们一直期待着与你见面。”

当 15 个新同学用好奇的目光打量马娅时，她迅速躲到我背后。我紧紧握住她的手，提醒她我会陪她一整天，因为这是她在新学校的第一天。“今天我想让你们写下圣诞假期的经历。”苏珊娜在全班学生完成早上的例行活动后说，“如果你们在课间休息前不能完成也没关系，可以回来以后继续写。”

早上 9 点半，1 个半小时过去了，该休息 20 分钟了。孩子们迅速穿上保温防水的工装服和雪地靴，跑到外面去了。室外有十几个所谓的雪地快车靠在学校的墙上，快车实际上是通过将滑雪板和冰刀组合在一起设计而成的。苏珊娜解释说：“我们欢迎学生把自己的雪橇带到学校，但他们需要戴上头盔才能乘坐雪橇。我们还有一些平底雪橇和头盔可以借给学生用。"

地面高低起伏的校园操场上挤满了孩子，他们一到雪地里，便立刻忙碌起来。那些不玩雪橇的人要么是爬到一大堆雪上面，然后找到新奇的办法从雪堆上下来，要么是用雪做东西，因为雪的湿度刚好适合搭建。马娅很害羞，有时需要一段时间才能适应新环境。她一开始选择和新班级里的一些女孩一起滚雪球。在学校操场的另一头，6名男孩正在一起努力堆雪人。据其中一名男孩说，他们要打破学校里"有史以来最大雪人"的非官方纪录。"苏珊娜，我们需要你帮忙把头安上！"另一个男孩喊道，"这对我们来说太重了。"（在瑞典，除了皇室成员，几乎所有人都直接用名字相互称呼）。苏珊娜找了个借口不去帮忙堆大雪人，而我则看着马娅坐着平底小雪橇从山上飞速滑下来。

滑雪山的底部是一个小足球场，有部分被冰覆盖。"我们的家长—教师组织（PTO）非常活跃，他们正在建造一个溜冰场。"苏珊娜在确认破纪录的雪人搭建完成后，向我解释道，"目前还没有完全建成，但只要这几天气温一直很低，随时都可以完成最后的建设。我们希望能在星期四的体育课上滑冰。"

我几乎不敢相信。在美国的13年让我习惯于从法律的角度来衡量各种情况。我经常签署各类免责声明：第一份是在去练瑜伽之前签的；第二份是为了让我女儿去实地考察；第三份是为了把我的拉布拉多猎犬留在狗舍，这份声明用以证明它会游泳，不会在15厘米深的狗狗泳池里淹死。我知道，对于某些专攻人身伤害类诉讼的律师来说，听到"光滑坚硬的表面""锋利的冰鞋""极快的速度""年幼的孩子"这些词句就像鲨鱼在水中闻见血腥味一样。然而，我在这里没有看到任何免责声明，甚至没有规则说明，也完全没有提到任何法律事宜。学校是如何处理活动责任、风险和伤害的呢？毕竟，在马娅原来的学校里，连外出走到结冰的柏油路上都是被严格禁止的。但在瑞典，滑冰显然不仅在课间休息时被允许，而且还作为课程的一部分受到鼓励。

“很少有人受伤。”苏珊娜说，“我们有自己的规则，孩子们也很好地遵守了这些规则。”她好像读懂了我的心思，又补充道，“我们经常唠叨他们要戴头盔。他们也知道，除非外面有成年人，否则他们不能滑雪橇或滑冰。”

“但是如果出事呢？”我坚持问道。

“所有的学生都有县里的意外保险。但是，说真的，从来没有发生过什么严重的事情。”

话题就这样结束了。

课间休息后，学生们开始做各自的作业。他们的作业是根据自身需求定制的：有的学生做阅读，其他人则在写日记。就像 30 年前我上二年级的时候一样，很多作业都是以项目的形式开展的。孩子们在老师的培养下制订计划，并对自己分内的事情负责。现在倒是有一个新的发展趋势，便是将运动和身体活动整合到传统的学术课程中。例如，使用数学卡片，告诉学生需要拍多少次球，又或是辅助他们计算用多少步能走到教室的另一边。苏珊娜说：“我们尽量让日程安排多样化，这样孩子们就不用整天坐着了。”

有时，像艺术、科学和体育这样的常规课程是在户外教授的。在树林里，孩子们边走边学，这对年纪小的学生来说尤其重要。学校负责环境教育的查特琳认为，大自然让数学和物理等学科变得生动起来，而室内课堂永远做不到这点。她说：“如果是 6 岁的孩子上课，我们会寻找木棍，比较它们的长度，教给学生长短的概念。如果是年龄较大的孩子上科学课，我们就利用滑雪的小丘，通过比较不同的下山方式让他们了解摩擦力。例如，使用蜡布、塑料雪橇、鞋底有凹槽的鞋子等作为衬底，对比滑下雪丘时有什么不同。真的没有什么事情是你在室内能做而在外面不能做的。”

不过，瑞典教育界的变化并不一定都是向好的方向发展的。例如，国际学生评估项目（PISA）是一项针对不同国家 15 岁学生的数学、阅读和科学技能的评估项目。多年来，瑞典学生在该项目上的成绩直线下滑。这引起了公愤，并导致瑞典教育体系出现了一些不太稳定的改革措施。人们对考试成绩的关注也不可避免地增加了。尽管我小时候，在八年级之前都不需要参加任何全国性的标准化考试，但现在三年级、六年级和九年级的学生都有考试。苏珊娜说：“我认为考试占用了很多教学时间，而且就算没有考试，我们也知道孩子们的水平。”这与我从许多美国教师那里听到的观点一致。“但我们不会为了考试而教学，我们会继续像以前一样安排课程。”

上午 11 点是课间休息和吃午饭的时间。下一节课在中午开始，实际上给了学生们额外 30 ～ 40 分钟的户外休息时间。休息时长取决于他们什么时候吃完饭。“孩子们总是在外面休息吗？”我问苏珊娜。我们又一次看到孩子们在校园里蓬松的雪地里跳来跳去。她听到这个问题，似乎有点惊讶：“是啊！这有什么奇怪的？他们总是在外面，除非风雨太大，过于危险。”

午休期间，从阴云密布的天空中落下的雨夹雪更密集了，一股寒冷潮湿的空气从我的滑雪裤和蓬松的外套之间的缝隙中渗透进来。如果我们在印第安纳州遇到这样的天气，学校开课这种事情想都不用想，更不用说让孩子们在外面休息，因为这可能会导致他们被淋湿而感冒，或者在柏油路上滑倒。这些情况会让美国人诅咒老天，宣称末日暴雪即将到来，待在家里不去上班，或者干脆“冬眠”。但在瑞典的这个小镇，一年级和二年级的老师却认为这是一个机会。他们把这天的最后一节课也搬到了外面，让孩子们在新学期有一个轻松的开始。当我有点怀疑地问苏珊娜，学习计划表里真的安排了这么多滑雪橇时间吗？她先是十分官方地回复："嗯，确实。根据要求我们必须完成一定小时数的教学，也有必须达成的学业目标。"然后她又真诚地补充道，"但我觉得今天必须利用好这个可爱的天气。我很高兴下雪了，真希望积雪能一直不化。"

午饭后，在今天的最后一节课上，雪橇时间又开始了。马娅和 3 个男孩找到了一种很有创意的下山方式，他们都挤在同一辆雪橇上。这让我想起了东南亚地区常见的很多人挤在一辆"嘟嘟车"[①]上的场景。为了进一步增加挑战，大一点的孩子在山腰建了一个大的雪包。这些一年级和二年级的孩子现在正试图撞上它。当他们滑下雪丘时，他们一个接一个地掉下来，惊喜交加地尖叫着。他们一次也没能做到在滑到底部时还能坐或站在雪橇上，但没有任何一个成年人试图阻止他们的冒险游戏。

我不禁想起了印第安纳州的一位可怜的老师。她告诉我，在冬天的课间休息时，她所做的一切就是告诉孩子他们不能做什么。这也让我感受到瑞典老师的做法是多么不同。"其实我认为你必须让他们承担一些风险。"丽莎说。她是一名年长的幼儿园工作人员，今天轮到她负责在课间休息时照看孩子。丽莎看着雪丘上的马娅和她的新朋友们说道："孩子们就是这样学习的。这是一种试错的方式。他们先试着做一件事，如果不成功，他们会尝试不同的办法。作为一个成年人，你有时候会看不下去，很容易想要介入其中。不过虽然这场面看起来很混乱，但他们其实很擅于互相照顾。"

① 一种三轮载客摩托车。——译者注

一位年轻的工作人员插话说："有时候我觉得大人们最好后退一步，观察一下，不要干涉。"看着滑雪山上既有组织也很混乱的场面，她开玩笑说，"有时候，你最好别看他们。"

下午1点，马娅上学的第一天结束了。她早上表现出的焦虑消失了，取而代之的是灿烂的笑容和红扑扑的脸颊。她看起来健康又快乐。一天5小时的上学时间里，她在外面待了2小时。当然，这不是标准的时间安排，只是因为老师们想让孩子们享受新下的雪。但即使在正常的一天，户外休息也会占到大约1小时或学校时间的20%。对于北欧国家来说，这是相当常见的。北欧学生在整个高中都有课间休息时间。芬兰是在PISA测试中一直排名前10的非亚洲国家，全世界的教育工作者都羡慕这个国家。在芬兰，学生们通常在每节课后有15分钟的休息时间，平均每天有75分钟的休息时间。他们的教学时间也比其他任何发达国家都要少，家庭作业也很少，这让孩子们有更多的时间在外面玩耍。这是一种与亚洲国家截然不同的教育方式，在亚洲国家，许多学生每天要花12小时，甚至更多的时间埋头学习。当然，芬兰的成功故事背后还有许多其他因素。但有一件事是肯定的：北欧的老师和家长都坚持认为，孩子们每天呼吸新鲜空气大有好处，对他们的健康和幸福至关重要。

根据生存法则，我们可以在没有食物的情况下度过大约3周，在没有水的情况下度过3天，但没有氧气只能活3分钟。我们身体中的每一个细胞都需要氧气才能生存，并且产生能量。新鲜空气有助于给我们的细胞充氧，从而使我们感觉更有活力。如果新鲜空气与运动相结合，比如滑雪橇或爬雪堆，那就更好了。

在一些美国小学，减少课间休息时间已经成为管理者增加教学时间的一种流行方式。他们会用最容易以标准化考试来评估的科目，比如阅读、写作和数学来充实课程表。但研究数据并不站在他们这一边。2011年瑞士一项针对5岁儿童的研究表明，有氧锻炼可以提高儿童的注意力持续时间。而且运动技能，如平衡能力的提升，还可以改善工作记忆①。这两者都是学业成功的关键。许多其他研究表明，运动和定期休息有助于提升儿童的学习能力。课间休息可以让ADHD儿童不那么烦躁不安，更能集中注意力。

一份对200项研究的汇总分析显示，学生在上学期间进行体育锻炼可以增强体质，改善情绪，并使考试成绩略有提高。此外，课间休息通常是学生在学校的一天中唯一有机会在非结构化的环境中进行社交和玩耍的时间。这时他们可以自己制订并协商游戏规则，解决冲突，在这个过程中他们磨炼了社交技巧。在户外进行课间休息时，休息的效果是最好的。孩子们可能会把在室内休息，比如在教室里看电影或玩电脑游戏视为一种良好的日常休息方式，但这并没有给他们带来户外活动所有的好处：呼吸新鲜空气、锻炼和发展社交技能的机会。

即使在体育馆内活动，锻炼的效果也不太好。2011年一项针对密苏里州城市公立学校儿童的研究显示，与在体育馆或教室休息相比，在户外休息时，男孩和女孩都会走更多步，心率也更高。佐治亚州立大学儿童早期教育和科学教育教授奥尔加·S. 贾勒特（Olga S. Jarrett）表示，实验研究还表明，在学校课间休息时进行体育活动的孩子，放学后更有可能保持活跃。贾勒特因其对课间休息的研究而闻名全国。相反，上学期间没有课间休息或体育课的孩子往往不会在放学后锻炼，反而更有可能窝在沙发上。另外，还有几项研究表明，户外休息可以帮助小学生预防近视，因为孩子的视觉系统需要明亮的自然光才能正常发育。

① 工作记忆指的是对所获得的信息进行暂时的加工、储存，对于运算、判断和言语理解等很多高级认知活动起着非常重要的作用。——译者注

贾勒特称，现有的研究表明，课间休息可以在小学生的学习、社会发展和健康方面发挥重要作用，他呼吁对小学的课间休息政策做出符合研究结论的调整。虽然关于休息的方式还有争议，但没有任何研究结果明确支持不需要课间休息。

此外，家长和老师们也对此发表了意见。有的父母抱怨他们的孩子情绪低落，因为他们没有休息时间，整天待在室内。老师们则表示在为了标准化考试牺牲课间休息的情况下，很难让年龄小的孩子在学校里过得开心。有些孩子因为 ADHD 在教室里表现很不好，但只要户外活动时间更长，他们的情况就有明显改善。

丽贝卡·洛文（Rebecca Lowen）是明尼苏达州圣保罗市大都会州立大学的一名历史教师，在全家搬到挪威 6 个月后，她 9 岁儿子的行为发生了根本性的变化——ADHD 的症状消失了。原来在明尼苏达州时，她儿子需要使用药物，才能完成学校课业。后来她想让儿子解脱出来，不再受到药物副作用的影响。不过，她也并没有对儿子在国外学习的效果抱有过高的期望。令人惊异的是，她的儿子在教室里不再坐立不安，尽管课堂上使用的挪威语对他来说是一门新语言，他却突然间在功课中找到了乐趣。而且在此期间，他没有再接受药物治疗。

据《明尼阿波利斯明星论坛报》报道，洛文说："一切都让人难以置信，他现在每天都迫不及待地想去上学。他正在快速学习挪威语，而且很乐意做作业。事实上，有时他还会提前预习，或者让他姐姐给他出数学题。晚上，他在入睡前也很乐意看书，这是他以前在美国时绝不会做的事。"

根据洛文的说法，造成这种戏剧性变化的既不是饮食习惯的改变，也不是屏幕使用时间[①]的减少，虽然这两者常被认为是可以改善 ADHD 症状的因素。她把这一转变归功于学校的日程安排。

“他在这里有 3 次休息时间，而在明尼苏达州时只有 1 次。每天的在校时间比美国短 1 小时左右，他有额外的时间去玩，然后再做作业。他每天在这里享受近 2 小时的自由户外游戏时间，这是在美国时的 4 倍。”洛文说。

在挪威，ADHD 也是一种公认的疾病。据估计，3% ～ 5% 的挪威儿童和青少年患有 ADHD。这一数字与美国精神医学学会的《精神障碍诊断与统计手册》（*Diagnostic and Statistical Manual of Mental Disorders, DSM-5*）的数据一致。该手册估计美国有 5% 的儿童患有 ADHD。而事实上，目前有 11% 的美国儿童被诊断患有这种病症，这一数字至少最近 20 年来一直在稳步上升。在确诊患者中，超过一半的人接受了药物治疗。在确诊的学龄前儿童中，采用药物治疗的比例超过了 75%。研究人员仍在努力解释确诊比例增加的现象，而关于如何治疗的争论也还在继续。户外运动当然不是治疗 ADHD 的“万灵药”，但在洛文儿子的案例中，它是改变一切的原因。她儿子的行为不再符合 ADHD 的诊断标准，他的挪威老师也没有在他身上看到有任何相关的迹象。

雪橇派对：让孩子爱上户外的智慧

马娅很快就适应了她的新学校和新生活。她的行为变化之快甚至让我感到困惑。马娅与洛文的儿子不同，她没有 ADHD，也没有在课堂上表现出格的问题。相反，她很安静，喜欢独处，勤勤恳恳，表现很

① 屏幕使用时间，即使用手机、平板电脑、电脑等电子设备的时间。——译者注

好。她在美国的老师都说她很聪明。哪怕我作为公认的对美式教育有偏见的家长，也不得不同意老师是对的。问题是，尽管马娅在学校一直顺风顺水，但她似乎并不太喜欢上学。在学前班，她一直在与漫长的学校生活做斗争，并抱怨说她想回到幼儿园。放学后，她情绪低落，疲惫不堪，随着一年级和二年级家庭作业的增加，情况当然也不会好转。每次问她关于学校的事情时，她的标准回答都是"我不记得了"。除非有同学过生日（这意味着她有相当大的机会得到一个纸杯蛋糕），否则我很少看到她对与学校有关的任何事情感到兴奋。这对我来说很难理解。我一直热爱学校，至少在我八年级或九年级时遇到头疼的代数课程之前是这样的。话又说回来，30 多年前我是在瑞典长大的，我的上学经历与她迥异。

马娅在去新学校上学的第一天结束后就自信地宣布："明天我想自己去。"她礼貌地拒绝了我妈妈提出的和她一起去的建议。那天下午她回来之后就开始滔滔不绝地讲述课堂上的故事，她吃的食物，以及她结交的新朋友。在接下来的一周里，我收到了铺天盖地的"报告"："猜猜今天的体育课上我们做了什么？！我们去滑雪橇，我和奥利弗、汉内斯和内莉一起下山，我们滑得太快了，越过了一个雪包，最后我们撞在一起！""午餐我们吃了鱼。我不太喜欢，但土豆很好吃。然后我们上了社会科学课，还在课上谈论不同的职业。嘿，顺便问一下，你小时候唱过这首歌吗？"她喋喋不休地说着，然后开始唱一首歌。果然，这是我在二年级的音乐课上唱过的歌。在她即将满 8 年的生命中，我第一次感觉到她对上学感到由衷的兴奋。她不再只是"准备好学习"，就像在美国时，教室墙上经常展示的宣传画上的样子。她是真的有了学习的动力。

在新学校待了两周后，马娅收到了一位同学的生日派对邀请。邀请函上写着："雪橇派对！带上头盔和乘具！"我很好奇。我以前总是试图在 2 月马娅的生日时，筹办孩子们的户外寻宝活动。谢天谢地，她朋友的父母都是友好的人，至少不会抱怨孩子弄得浑身是泥。但是 1 月时节，参与完全在户外举办的派对对我来说还是头一回。

派对那天，我们在车上装了一些借来的雪地快车和平底雪橇，包括某种塑料冲浪板一样的装置——看起来像是 20 世纪 80 年代的“事故车”。马娅的同学汉内斯住在城外的一个小农场里。农场里有几只蛋鸡、几只羊，还有一座可以说是全县最好的滑雪山。他的母亲阿妮特是一位精力充沛、性格直率的女性，说话时总是面带微笑。当我们到达时，她正忙着做热狗，在明火上加热沙夫特（Saft）——一种很受孩子们欢迎的甜饮料。她被 16 个穿着防寒服的孩子包围着，他们坐在毯子和垫子上。坐垫下面有的是旧长凳，有的则是用雪堆成的椅子。孩子们迫不及待地想要在房子旁边那座又长又陡、起伏的山上开始滑雪。他们往嘴里狂塞胡萝卜和热狗时，甚至懒得摘下头盔。

“我们去年也举办了一个雪橇派对，孩子们想再来一次。”当我问阿妮特为什么决定举办一个冬日户外生日派对时，她说，“他们真的很喜欢。”她把几个热狗扔到烤架上，劝说其中一个男孩在嚼完胡萝卜之后再上雪橇。“我们总是在外面举办生日派对。”她继续说道，“有一年，我们在帐篷里放迪斯科音乐，跳舞蹦迪。我喜欢在外面开派对。老实说，还有一部分原因是我们比较懒。你能想象家里有 16 个孩子吗？还是算了吧！场面很快就会陷入混乱。户外聚会之后，打扫卫生要容易得多。”

正如我猜测的那样，就算没有生日派对，阿妮特和她的丈夫以及 3 个孩子平时也会花很多时间在户外。这家人周末经常在火坑上做午饭，而不是室内。从孩子们很小的时候起，每天外出就是他们的首要任务。“你必须现在就把他们弄出去，而不是在他们 13 岁的时候，哪怕有时会很痛苦。我不知道有多少次我们给孩子们穿得好好的，让他们去滑冰，然后他们 15 分钟后就厌倦了。我们在孩子们小时候就经常带他们外出，现在我们从这样的经历中收获了很多。如今我们一家人可以一起去湖边滑冰了。"

在滑雪山上，孩子们坐着雪地快车一遍遍滑下来。孩子们越滑越快，一个接一个地从山上飞降下来。一个金发女孩惊恐地尖叫着，冲向斜坡底部的一个大雪堆。"向右转！"阿妮特喊道。但女孩的手似乎冻僵在方向盘上，她直接撞上了雪堆。"我转不过去！"小女孩哭了，眼泪顺着她亮粉色的脸颊流了下来。阿妮特用双臂抱住她，安慰道："没事，没事。什么事都没有。你只要下次避开雪堆就行。"

"你不担心有人会受伤吗？"等确定一切安好后，我问阿妮特。我脑子里的免责声明又开始冒头了。

她说："一开始我是有点担心的，但现在不会了。在家里也很危险，你知道的。如果天花板上的灯掉下来砸到你的头上怎么办？"

当然，她是在开玩笑，言外之意却很严肃。作为一名护士，她对久坐不动的后果再熟悉不过了，比如肥胖、心脏病、糖尿病、佝偻病和近视等。如果家人身体不够健康，她会觉得是自己失职了。

"保持活动对我们的健康非常重要。我认为，如果我们年轻时不充分活动身体，我们将面临一场公共健康危机。"她说，"我们喜欢瑞典下午茶，也喜欢一起烘焙。但如果我们吃了甜食，就要出去走动。如果孩子们不想这样做，我就会告诉他们那就只能吃胡萝卜了。"

又过了一会儿，是时候休息一下，喝点热巧克力，吃点自制的布朗尼蛋糕了。这些蛋糕上都单独装饰着瑞典国旗——蓝色背景上画着黄色的十字。这是一道简单的甜点，但孩子们却很喜欢，他们狼吞虎咽地吃下巧克力和蛋糕，然后在阿妮特丈夫的带领下，开始在雪地里寻宝。然后是更多的滑雪时间，直到孩子们的父母开始来接他们回家。有一些家长自己也无法抗拒小雪山的召唤。“滑雪太好玩了！”一位母亲在滑到底部时大声说道。马娅和诺拉是滑雪滑到最后的人。她们喝了热巧克力后很兴奋，完全不在意其他人都走了。

“对不起，我们好像待得太久了。”在派对正式结束一小时后，夜幕开始降临时，我告诉阿妮特，“我现在告诉她们再玩最后一次。”

“哦，没事，一点也不晚。孩子们想待在外面，在新鲜空气中玩耍，你难道不高兴吗？”

我和阿妮特在那天建立了亲密的联系，并决定找个时间让孩子们再聚一次。

在回小木屋的路上，我们看到十几个青少年在湖上滑冰，声嘶力竭地唱歌。他们的头灯发出的光被冰面不断反射，看起来就像是一场即兴的舞台表演。

我不再担心马娅在学校里找不到朋友或想回美国了，我几乎忘记了每周我该让她完成的那些拼写练习和数学复习作业等。我脑子里有一个更大的问题：如果我们在瑞典的时间结束了，她不想回美国了怎么办？

There's No Such Thing
As Bad Weather

北欧育儿秘诀 第2条

如果你住的地方很安全，在天气允许的情况下，让你的宝宝在户外小睡一会，并寻找机会尽可能多地待在户外。当你的孩子长大后，选择全家人都喜欢的户外活动，并根据孩子的节奏和其日益变化的体能，不断调整你的预期。长时间的外出需做好计划，要记住，应急零食永远不嫌多！

建议阅读：安吉拉·汉斯科姆（Angela Hanscom）：《让孩子去野》（*Balanced and Barefoot*）[①]，乔迪译，中国纺织出版社2023年出版。

①《让孩子去野》是儿童发展专家汉斯科姆写给父母的自然教育经典之作，为父母户外带娃提供了科学实用的指导。该书中文简体字版已由湛庐引进，由中国纺织出版社2023年出版。——编者注

第 3 章

户外玩耍就是学习

童年是人生中重要的一部分

不是通往成年的赛道

* * *

There's
No Such Thing
As
Bad Weather

在幼年时期，孩子们需要掌握的知识大部分不是通过学习得来的，而是通过游戏自己发现的。

——露丝·威尔森（Ruth Wilson）

一天晚上，我接到住在美国的朋友苏的电话。她告诉我，每天送大儿子去幼儿园时，总是很难让他从车上下来去上学。“我问他为什么不想去上学，他说觉得很无聊。他才 4 岁啊！他哪知道‘无聊’是什么意思？”她哀叹道，“我觉得原因可能是，他跟其他孩子没有产生任何的情感联结，这可能是他从小到大第一次不得不静静地坐在桌子前写写画画，而他本来是一个喜欢到处走动的孩子。”

她送儿子去幼儿园的初衷和很多父母是一样的：孩子能够与其他孩子玩耍和社交。但是现在她感到挫败，觉得孩子就算去了幼儿园也没办法和其他孩子一起玩。她说：“明年我甚至不想再送他去幼儿园，也不想送他弟弟去了。但是，当我跟别人说这个想法时，他们告诉我，这样的话，孩子会被同龄人甩在后面。”

苏自己根本没上过幼儿园，她上学前班时，也只需上半天，而且基本上都在玩耍。可她仍然以优异的成绩完成了中学学业，以及大学和法学院的学业，如今还经营着一家成功的律师事务所。她的直觉告诉她，即使不上幼儿园，她的儿子们也不会有问题。但她的想法并没有得到很多支持。“我的压力很大。如果我毁了他们上大学的机会怎么办？如果我没有做出正确的决定，导致他们以后生活在贫民窟里，只能依靠政府补贴过活，那该怎么办？”她半开玩笑地说道。不过她的运气不错，最小的儿子出生在9月，他只能推迟上学。就算她和她丈夫最终决定送他去幼儿园，他那时候也快5岁了。

她大儿子上的幼儿园采用的是家长合作社形式，选用以游戏为基础的学习方法，将大量的实地考察、感官箱[①]和实践实验与传统课程相结合。不论效果如何，至少他们是努力这么去做的。最近，教师们感受到了来自公立学校的压力，因为幼儿园必须去适应越来越高的各项要求。父母们也担心，虽然社交、玩耍、唱歌、学习如何交朋友是很重要，但这些都不能让他们家的小天才为即将到来的伟大人生做好准备。有些人甚至觉得他们别无选择，只能把自己的孩子转到更重视学科课程的幼儿园。

“我不是针对那里的老师，只是我听了太多关于考试的事情，觉得孩子留在那里进步不大。”一位母亲说。她因为自己3岁的儿子没有学习快速写字而感到失望，“最后我们决定让他转学。现在这所学校就完全不同了，他每周都会带一些关于书写的作业回家。”

与此同时，老师们似乎也会为这种压力而感到烦恼。“我昨天甚至因为让一个3岁的孩子玩了一小时而感到内疚。”其中一人透露道，“我不得不告诉他该回去继续写作业了。”

迫于学区和不满的家长们的压力，最近家长合作社的老师们开始每周给4岁的孩子们布置家庭作业。这种情况并不只发生在这个幼儿园，这不过是全美教育发展趋势的缩影——三四岁的孩子们正在被施加越来

① 感官箱是一种特别为幼儿设计的游戏箱，让他们在玩乐的过程中刺激感官的发展。——编者注

越大的学习学科知识的压力。如果像一些教育工作者所说的那样，实际上，学前班现在已经是一年级，那么幼儿园似乎已经变成了新的学前班。

苏的电话让我想起了 4 年前马娅上幼儿园的时候。那是马娅在幼儿园最后一年的秋季，还有不到 2 个学期就要毕业了，其他家长已经因为孩子的学习进度慢而感到压力巨大，为此坐立不安。他们抱怨孩子们花太多时间玩要、做手工和做实验。我很困惑，大多数孩子只有 4 岁，家长到底希望他们做什么？和苏一样，我把马娅送去幼儿园时认为，去幼儿园和其他孩子一起社交和玩要对马娅是有好处的，这比由保姆照顾的方式更能促进她的成长。她可以学习系鞋带，排队上厕所，捏泥团做饼玩。自从上幼儿园后，她的词汇量大大增加了，至于学科知识，我想不出在这个年龄段有什么可担心的。话又说回来，无知是福，那时我确实不了解美国学前班的严格要求。

“以前我们上幼儿园的时候，就是玩，坐成一圈唱歌。”一位当小学老师的妈妈告诉我，“现在家长们还是以为把孩子送来幼儿园，是为了让他们学会如何分享和轮流玩要，但其实现在已经不是这样了。”

“这些动手活动非常有趣，但我不明白参加这些活动怎么能让孩子们做好上学前班的准备。”另一位母亲说，她表达了对幼儿园发展方向的担忧，“我想我们会在学前班的筛选考试中找到答案。”

这些家长已经从美国教育部得到了明确的信息。如今的孩子们应该花更多的时间为他们今后的职业道路做准备，而不是玩橡皮泥。

在那之前，我甚至不知道学前班筛选考试是什么。我只是相信马娅会按她自己的节奏学会她需要学习的东西，我没有想到她可能会在某种神秘的小学入学考试中不及格。事实上，我甚至不知道这种考试的存在。现在回头看，当时我没有足够重视她的学业，真是很危险的事。

当我向一位学前班老师询问筛选考试的过程时，她向我保证这不是一项关乎我女儿未来的关键测试，而是一种评估工具，用来确定孩子已经做好了上学前班的准备，以及孩子在课堂上是否需要额外的帮助。这位老师还告诉我，她认为幼儿园应该是快乐的，要去做“所有我们在学前班没有时间做的事情，比如玩耍、画画、唱歌、读故事和玩游戏”。

这打消了我对学前班筛选考试的顾虑，但我对真正的学前班了解得越多，我就越担心让马娅入学。

一天 6 小时都要在户外活动

在我们离开美国之前，诺拉和马娅上的是同一所幼儿园。现在诺拉即将在瑞典的一所幼儿园入学，情况将会完全不同。北欧幼儿园与美国幼儿园不同，只要孩子满 1 岁，他们一般都会提供全年的全托或半托照顾。这种模式有时被称为“教育看护”（educare），因为这里的幼儿园的目的是当父母在外工作时，教育和照顾他们的孩子。由于大多数家长都需要工作，绝大多数 1 ～ 5 岁的北欧儿童都上了幼儿园（在瑞典，这一比例高达 84%）。

另一个很大的区别是，北欧国家的学前教育的标准大多是统一的，因为费用是由政府补贴的。对很多美国人来说，让政府负责孩子的日托，听起来就像给狐狸一张进入鸡笼的 VIP 通行证一样。但斯堪的纳维亚地区的父母不这么看。当瑞典的 10.8 万名学龄前儿童的父母被问及他们对孩子所在日托的看法时，95% 的人表示他们很满意。考虑到有时你甚至很难让那么多人一致同意雪是白色的，而且任何与抚养孩子有关的观点都有引发“部落战争”的趋势，父母们能给出这样高的评价是很难得的。

尽管瑞典的幼儿园是由政府资助的，但它们可以由当地市政府、私营企业或家长合作社直接拥有和经营。无论何种情况，它们都被要求由持证的幼儿教师负责，都需要遵循相同的国家课程标准。瑞典的父母之所以对学前教育体系如此满意，部分原因可能是这个国家课程在很大程度上反映了瑞典人对幼儿教育的总体理念，而这个理念并不只是教孩子们学会写字。

瑞典学前教育的国家课程表长达 20 页，详细地讲述了如何培养孩子们之间的相互尊重、普及人权意识和树立民主价值观，以及如何让孩子们有终身学习的渴望等内容。这份文件的用词很好地表现了瑞典社会对幼儿和学龄前儿童的期望。文件中提及“玩耍”13 次、“语言”12 次、“自然”6 次、“数学”5 次，但只字未提“读写能力”或“写作能力”。还有，使用频率最高的两个词是“学习”（出现了 48 次）和“发展”（出现了 47 次）。

其他北欧国家也有类似的幼儿教育传统。在芬兰，等到孩子 7 岁上一年级时，才会开始对孩子进行正式的阅读教学。芬兰国内相当于学前班的学校（孩子们 6 岁时入学），也只有在孩子对阅读表现出兴趣的情况下，才会教他们阅读。美国中康涅狄格州立大学 2016 年的一项研究显示，尽管芬兰没那么重视儿童的早期识字，但芬兰仍然是全世界文化程度最高的国家，挪威排名第二，冰岛、丹麦和瑞典也都排名前五。主持这项研究的约翰 · 米勒（John Miller）指出，5 个北欧国家之所以得分这么高，是因为“他们的整体文化就重视阅读”。他们还有一点共同之处：支持孩子在早期专注于玩耍。

对于玩耍，国际上并没有公认的统一定义，但英国的一个游戏组织“游戏英国”（Play England）称其为“自由选择、个人指导和内在激励的过程”，并指出“所有的孩子和年轻人都需要玩耍。玩耍的冲动是与生俱来的。玩耍是一种生理、心理和社会的需要，是个人和社区健康发展和获得幸福的基础”。

瑞典的幼儿园教育大纲不仅提倡在所有的活动方式的设计中都要重视玩耍，还明确了在户外玩耍和学习是儿童的合法权利。儿童既可以在规划好的环境（比如校园）中玩耍，也可以在自然环境（比如森林）中玩耍。这一规定不仅适用于城市的幼儿园，也适用于乡村的幼儿园。城市幼儿园的校园内缺乏自然环境，为了满足这一要求，他们会步行或乘坐公共交通工具将孩子带到附近的公园或树林等公共绿地。斯德哥尔摩四元素幼儿园的负责人塞西莉亚·拉姆宁（Cecilia Ramning）说：“我们园所有的孩子都住在城里，他们习惯了乘坐公共交通工具。即使是一两岁的孩子也能很快跟上小伙伴们。”有些公园离幼儿园并不远，成人可能走 5 分钟就能到，但孩子们有时候可能要走 45 分钟。年纪小的孩子们可以轮流乘坐幼儿园的两辆双座婴儿车。“有些人会认为最重要的是在公园里玩耍，但在路上其实会发生很多有意思的事情。有时我们会发现橡子、栗子或非常有趣的甲虫。通往公园的道路是户外体验的重要组成部分。”拉姆宁说。

一项针对斯德哥尔摩 100 所幼儿园的调查显示，在冬天天气不好的时候，孩子们平均每天在户外待 1.5 小时；在夏天天气好的时候则接近 6 小时。这样的户外游戏时长让我感到特别满意。诺拉的新幼儿园是一所普通的市立幼儿园，和我多年前上的那所很像。它没有把自己定位为一个自然幼儿园，也不是一所森林学校，但我知道，对自然的体验肯定还是课程的一部分。她每天都可以在外面玩。

我们第一天接诺拉放学时，幼儿园外的院子里铺满了厚厚的积雪。离我们车很近的地方，3 只驼鹿正在懒洋洋地过马路，如果我把手伸出窗外，甚至可以用后座的越野滑雪板戳它们一下。尽管上了一天学，但诺拉看到它们时仍然兴高采烈。

在我们右手边的一座小山上，能看到雪橇滑过的痕迹。我们的正前方有个小雪人歪歪斜斜地站着，雪人的嘴是用小块泥巴做成的。白雪覆盖的草地上有一个塑料做的大涵洞、一些长着鲜红树枝的灌木丛、一架小山坡滑梯、一个大的沙子游戏区，还有一些长凳、一个泥巴厨房和一张桌子。冬天，木工坊和玩具屋是锁起来的，但还有一间房子是不上锁的，里面装满了全年所需的户外玩具。

我只带着一个装着活动用品的塑料袋，完全不像我在美国时，每年秋天都要带去幼儿园一大包东西（在美国要带的是一盒面巾纸、一盒大号蜡笔、一卷纸巾、一瓶洗手液、一盒马克笔，还有大约 1 200 根胶棒）。在瑞典，所有活动和日常生活所需的用品都由学校提供。他们不需要更多的记号笔，他们希望的是孩子能在各种天气下在外面玩。以下是冬季推荐用品清单：

- 厚手套（两双）
- 羊毛袜子
- 冬季工装服
- 厚毛衣或羊毛衫
- 保暖帽
- 雨具及雨靴
- 一整套用于更换的室内衣服

最后，还要带上一句口号：“风雨无阻，出门第一！”

我们进入幼儿园校舍时，储藏室里有两个工业规格的烘干柜正低声嗡嗡作响，对面一整面墙上挂着五颜六色的涉水裤（galonisar），就像马娅的学校一样。我们脱下鞋子，走进主走廊，在每个孩子的小格子里，冬装都堆得高高的。

“欢迎！”之前已经电话沟通过的班主任过来迎接我们。她和我遇到的大多数瑞典幼教老师一样，非常关注孩子的感受。她蹲下与诺拉平视，并直接跟她说话：“我叫埃伦。”

埃伦带着我们参观了幼儿园的教室区域。这里有 23 个孩子（大多数年龄在 4 ～ 5 岁之间，还有几个 3 岁的孩子）和 5 名工作人员，但并不是所有人都同时在幼儿园。第一批孩子早上 6 点半到，8 点吃早饭，玩到 10 点，然后大家围成一圈吃些小食。通常这段时间被称为“水果时间”，因为瑞典幼儿园的零食基本上是水果。在那之后是户外玩耍的时间，直到吃午饭。午饭后，老师们会让年纪小的孩子午睡，给大一点的孩子讲故事。下午大部分时间是用来自由玩耍的，有时也会在 2 点半吃点心的时候分小组做活动。在温暖的月份，下午，幼儿园通常会让孩子们再次外出，一般 5 点放学。

诺拉好奇地看着周围的孩子们。他们有的忙着和老师玩棋盘游戏，有的在阅览室里用靠垫搭建堡垒。这里有一间美术室和一个可以玩角色扮演的角落，角落里放着玩偶和迷你厨房玩具。墙壁上装饰着图片和海报，记录了幼儿园开展的各种活动项目，这些项目都是为了发展国家课程大纲中要求的不同方面的能力：自然和科技、数学、语言发展、创造力和社交技能。一张海报上写着“多样性：我们是相似的，但仍然有所不同”。下面是一排孩子们上过色的不同国家的国旗。一张照片上，4 个孩子穿着橙色反光背心在森林里，标题是“我们在大自然中寻找宝藏，看看树叶下藏着什么”。另一张照片是 3 个男孩正在用纸板箱盖房子，标题是“合作”。旁边是一张男孩帮女孩切香肠的照片，标题是“乐于助人”。当我们坐在地板上吃水果的时候，我又发现了一件事：房间里的孩子没有一个是超重的。

“我们希望孩子们用一种有趣的方式来学习。”埃伦后来解释说，“我们不会坐下来教孩子们从 1 数到 10，但我们会经常用到数学。例如，当我们围坐时，孩子们会轮流数一数这里有多少个孩子。我们会做一些小实验来了解科学知识。我们会使用一些自然材料，比如石头和木棍，然后将它们放进一桶水里，测试哪些东西能浮起来。如果有雪，我们可以带一些到室内，看看融化后会发生什么，还可以把融化的雪水倒在咖啡滤纸上，看看会发生什么。当然，孩子们每次搭建东西时，都会用到物理学。”

“那么你们如何培养他们的读写技能呢？”当诺拉跟着一群大一点的孩子听老师读书时，我问埃伦。

她说：“如果你是指写字的话，我们没有安排时间让孩子们练习写字，也没有专门的课程来教他们认字。但是我们在讲故事的时候会很注重他们的阅读理解能力，利用富有创造性和充满想象力的游戏极大地促进孩子们的语言发展。”

“诺拉已经知道怎么写自己的名字了。她知道首字母要大写。”我忍不住主动分享。我自己是到 7 岁左右知道名字中不是所有字母都应该大写，而诺拉 3 岁时就已经在美国幼儿园掌握了这一技能，我当然认为她像个天才一样。

埃伦在她的黑框眼镜后面扬起眉毛。“哇！”她的反应看起来更像是惊讶而不是赞扬。“如果我们注意到孩子对写字感兴趣，我们通常会给他们小笔记本，让他们自己写。我们的观点是，当他们准备好了，自然就会开始写字。当他们有这种内在动力时，学习起来就容易得多。”

孩子在玩耍中学习，这并不是新观念。柏拉图就曾说过：“最有效的教育就是让孩子在有趣的事物中玩耍。”18世纪，法国思想家、哲学家卢梭在《爱弥儿》中提到，儿童的所有教育都应该基于游戏。“我斗胆在此提出所有教育中最重要、最有用的一条法则：教育不是单纯地节省时间，而要‘挥霍’时间。”他写下了这句名言，认为儿童天生就拥有通过自身经验学习的能力。后来在19世纪30年代，一位名叫弗里德里希·福禄贝尔（Friedrich Froebel）的德国教师和坚定的自然爱好者提出了这样的观点：玩耍是儿童身体、道德和精神发展的关键。他对这个想法深信不疑，于是决定创建一个幼儿教育项目，该项目的内容包括了唱歌、跳舞、园艺、自主游戏，以及用所有感官体验自然。福禄贝尔认为孩子们就像植物，只要让他们按照自己的节奏学习，在老师的滋养和指导下，他们就会开花。他称自己创造的是“幼儿园”（kindergarten）——字面意思就是孩子的花园。

在19世纪下半叶，福禄贝尔以游戏为基础，以儿童为中心的理念在瑞典流行起来。直到20世纪50年代，这里的幼儿园也被称为“儿童花园”。福禄贝尔至今仍然是瑞典儿童早期教育领域最有影响力的人物之一，与其并列的还有苏联发展心理学家列夫·维果茨基（Lev Vygotsky）和瑞士心理学家让·皮亚杰（Jean Piaget），他们都主张以儿童为中心的学习方法。在课堂环境中，皮亚杰认为学习过程比最终结果更重要，孩子们只有通过主动发现才能学会解决问题的技能。维果茨基认为，儿童的认知发展在很大程度上受到他们所处的社会文化环境的影响，他们主要通过与年龄较大、技能较强的儿童和成人玩耍和互动来学习。皮亚杰最著名的理论是最近发展区[①]理论。根据他的理论，人们应该尊重每

① 认为学生的发展有两种水平，一是现有水平，二是可能的发展水平。两者间的差异就是“最近发展区”。——编者注

个孩子的个人空间，以及相信他们随时都准备接受新概念。家长和幼儿教师可以提供发展的“脚手架”，来帮助孩子建立起进入下一个发展阶段的信心，既不能急于催促，也不能过分保护。通过给孩子们自主的空间，成年人可以培养他们的自尊心，让他们学会自己解决问题。

瑞典幼儿教育家阿妮特·埃斯基尔松（Anette Eskilsson）经常谈到如何激发孩子们的学习欲望，她这样解释斯堪的纳维亚人对游戏和学习的态度：“看待儿童有两种完全不同的方式，你要么把孩子视为空容器，等着成年人通过教导来填充，要么相信他们天生就有与他人一起学习的能力。在瑞典，我们相信孩子们自己的好奇心和求知欲。我们称他们为‘有能力的孩子’。”

后来，我和诺拉的另一位老师巴布罗站在外面的雪地里，看着十几个孩子在小雪山上玩耍时，她也说了类似的话。她坚信，孩子们从直接的经历和玩耍中学到的东西比老师传授给他们的知识要多得多。

“有些孩子很早就开始对写字感兴趣，在这种情况下，我们会鼓励他们继续。可能他们参加了角色扮演游戏，想要为游戏制作一些票。在这种情况下，写字是有目的性的。否则，他们最终可能只是在勾勒一些对自己而言毫无意义的线条。”巴布罗说，“我知道也有不同的教育思路。有些人认为应该把重点放在读写能力的培养上，但我不喜欢我们所做的一切都只是为了把孩子送进小学。这里是幼儿园，为什么我们不能让孩子们活在当下呢？”

户外游戏让孩子学得更多、更好

斯堪的纳维亚地区的家长和幼儿教育者似乎都认为，如果你想培养健康、有能力的学习者，关键是让他们尽可能多地玩耍。

玩耍对孩子来说是很自然的，无论他们手上有什么材料，都能玩起来。一根棍子可以变成一个洋娃娃、一把剑、一匹马或一根魔杖。一个纸板箱可以变成一艘火箭船、一个洞穴或一辆汽车。孩子们可以用极其简单的方法玩上几小时。事实上，研究人员发现，当孩子们手头没有现成的玩具时，他们玩得更有创造性。玩耍是普遍存在的现象，它跨越了所有的文化和社会经济界线。

不过，北卡罗来纳州依隆大学的心理学教授莫琳·范德马斯－皮勒（Maureen Vandermaas-Peeler）发现，不同文化对游戏的重视程度不同。美国父母非常重视玩耍，经常和他们年幼的孩子一起玩耍，但他们也非常关心学业。只要在谷歌上搜索“两岁儿童的教育活动”，你就会发现近 5 亿个结果。莫琳还指出，虽然在成长早期阶段巧妙且成功地整合学习活动是可能的，但有些人往往过于热心，无意中打断了孩子们的游戏，试图使游戏更具“教育性”。她说：“我发现很多父母过早地担心自己的孩子，如果他们上幼儿园时还不能阅读或不会加减法，他们就不会像其他人一样成功。在丹麦，玩耍本身就很重要，而对许多美国父母来说，玩耍更多是为了培养技能，助力孩子以后的发展。不幸的是，这就是我们的文化取向。这一切可能既有好的方面，也有坏的方面，但丹麦的孩子有很多不同的机会，有更多的自由选择，更少接受结构化的教育。孩子们来做选择，我们来协助孩子们完成。”

许多美国父母别无选择，只能加入早期学科教育的大潮，而斯堪的纳维亚的父母似乎对学龄前儿童的正式教育毫不关心。他们相信，当孩子们准备好以后，就会学到他们需要学习的东西，父母很乐意“只让”他们的学龄前儿童玩耍，而且最好是在户外。丹尼尔是一名丹麦幼儿园孩子的父亲，他这样解释道：“我们把童年视为人生中重要的一部分，而不是通往成年的赛道。我们相信并尊重儿童拥有快乐童年的权利。”

克里斯托弗是一位有两个孩子的瑞典父亲，当我问他希望自家孩子从现在到 6 岁开始接受正规教育之前这段时间学些什么时，他的回答迅速而肯定。“我希望他们就做孩子。”他说，“很快他们就会上学，在那里有的是时间学习。更何况所有的孩子都是如此不同，有些孩子很早就对数学、阅读和写作感兴趣，有些孩子则不是。”

当然，通过训练和直接指导，孩子们可以学会如何阅读和写作。但为什么这么着急呢？美国童年联盟指出，许多孩子在学前班时还没有做好阅读的准备，强迫他们达到不切实际的学习目标，可能会导致不恰当的课堂行为的出现。此外，从长远来看，并没有科学证据证明越早开始阅读的孩子，阅读能力越强。一项研究比较了新西兰的两组儿童，他们分别在 5 岁和 7 岁时开始上正式的识字课。结果显示，到 11 岁时，他们的阅读能力没有显著差异。然而，从 5 岁开始阅读的孩子对阅读的态度不那么积极，文本理解能力也比 7 岁开始阅读的孩子差。其他研究表明，孩子入学年龄和他们的阅读能力之间没有显著联系。

在幼儿园教室里经常看到的宝贝学习卡片和单词墙似乎是无害的，但对幼儿施加压力，让他们早早开始阅读，实际上会限制他们在其他方面的发展。其他方面有可能更重要，比如自发的探索和发现。测评创造力和解决问题的能力，比测评具体知识的掌握程度更难，但麻省理工学院和加州大学伯克利分校进行的两项独立研究结果表明，过早对孩子进行过多教育可能会适得其反。在麻省理工学院的研究中，研究人员给了一群 4 岁的孩子完全相同的玩具，但采用了不同的方法向孩子们介绍玩具。研究人员将这群孩子分为两组。在一组中，研究人员在演示玩具的一项功能时表现得很天真，毫无头绪；而另一组则由研究人员直接指导如何使用玩具。当单独和玩具在一起时，所有参与研究的孩子都能复制

"老师"所做的事情——拉动玩具的一根管子，让它发出吱吱声。但第一组孩子玩玩具的时间更长，发现了更多的功能。他们只是比那些被老师告知该如何使用玩具的孩子更好奇，更有可能发现新信息。加州大学伯克利分校的研究得出了类似的结果：当"毫无头绪"的研究人员给孩子们留下玩具时，孩子们发现了一种更聪明的方法来让它播放音乐，而那些被教导如何使用它的孩子们只是重复了老师所做的事情。

当然，知识灌输和直接指导有其适合的领域。但莫琳认为这种教学方式并不适合学龄前儿童。相反，她认为早期的教育应该注重培养孩子的好奇心和惊奇感，让他们对周围的世界感到兴奋。幸运的是，有一个对早期教育来说堪称完美的地方：大自然。

"玩耍本身对儿童有治疗作用。"瑞典农业科学大学阿尔纳普校区的环境心理学家弗雷德里卡·莫滕松（Fredrika Mårtensson）说，"他们在室外玩耍的表现也不一样。室外游戏更加开放和灵活，而孩子们在应对环境时所采用的方式，将会令他们的身体、心理更为受益，并更好地促进其社交能力。"

包括决策、解决问题和抽象思维在内的认知技能都可以通过玩耍来磨炼。这种学习过程可能发生在任何环境中，但在大自然中更为常见，孩子们往往会进行大量的幻想游戏。研究人员认为，这些批判性思维技能不仅对儿童早期发育有益，而且对儿童日后的学业也有很大帮助。父母支持孩子的一个很好的方法就是花很多时间带他们去户外活动，问一些开放式问题，鼓励孩子运用天生的好奇心去探索、学习。

"孩子们在户外会很活跃，不停地活动，而活跃的孩子会学得更多，学得更好。"瑞典资深幼儿教师兼作家于尔娃·埃尔内比（Ylva Ellneby）在她的一本关于幼儿的畅销书中写道，"孩子们需要运用他们的想象力，大自然给了他们实现梦想所需的自由和灵感。森林和田野给他们提供了冒险和神奇的体验。”

还有另一个原因可以解释为什么在大自然中亲自动手、进行有意义的游戏如此有利于学习。大自然激活了人体所有的感官，但并没有带来压力。当孩子们在大自然中玩耍时，他们往往是平静而机敏的。“他们运用感官参与活动时，他们的感觉统合[①]能力也会得到增强，进而提高他们的学习效率。”儿童发展专家安吉拉·汉斯科姆在《让孩子去野》一书中写道。反过来，汉斯科姆认为儿童感统问题的增加与户外玩耍时间的减少直接相关。汉斯科姆建议，2～5岁的儿童每天积极玩耍5～8小时，最好是在户外；6～13岁的儿童每天进行4～5小时的体育活动和户外玩耍。她指出，为了有效地学习，孩子们每天需要运动和频繁的休息，否则他们会容易烦躁，注意力不集中。“孩子要学习，首先要集中注意力。为了集中注意力，孩子需要先动起来。”

俄亥俄州鲍林格林州立大学特殊教育系荣誉退休教授露丝·威尔森也认为，儿童与自然之间存在一种天然的联系、一种“契合”。她在《自然与幼儿》（*Nature and Young Children*）一书中写道：“畅游大自然才是真正的游戏，对幼儿来说是最好的游戏。真正的游戏是有趣的、开放的、自我指导的和自由选择的。孩子进入自然后，真正的游戏自然就会出现。”

威尔森声称，许多父母患上了“争分夺秒综合征”，因为他们担心孩子会在以成就为导向的社会中落后。为了避免在学业竞争中失利，家长们觉得有必要精心设计孩子生活的方方面面，很早就让他们学习学科

① 感觉统合是指大脑对身体各感觉系统反馈的信息进行加工处理、整合协调的过程。——译者注

知识，为他们安排丰富的活动，如音乐和科学课，还鼓动孩子参加竞技体育，并给他们施加压力，让他们在学校表现得出类拔萃。因此孩子们从小就要参加各种不容有失的考试，为了保持好成绩承受很大压力。或者说，正如一位美国母亲向我解释的那样："我女儿还很小的时候，我就希望她参与所有的事情。她参加过女童子军、芭蕾舞、体操、游泳俱乐部等。我想让她有所成就，而不是随意生活。"

我很想问她，她觉得女儿什么时候才有机会"随意生活"，但我闭上了嘴。对大多数人来说，这个问题的答案是"退休的时候"。当然，到那个时候，那种想跳进泥坑里，看看自己能变得多脏的冲动可能早已不复存在，更不用说这种行为是否还为社会所接受了。不幸的是，她只是顺从了主流观念，认为孩子生活的价值就在于每周的计划，谁的日程越满，谁就越成功。

放学后的时间最适合"瞎玩"

为了让诺拉适应新环境，我一开始是全程陪着她上幼儿园的。这个过程被称为"学前适应期"（inskolning），所有新来的孩子都必须经历这样的过程。两天后，诺拉已经准备好让我放手了。"你现在可以回家了，妈妈。"第三天早上，我们走进幼儿园时，她对我说道，"我想自己去，没事的。"

就这样，我们都适应了新的生活。马娅在小学，诺拉在幼儿园，而我则待在小木屋里写作。马娅每天下午 1 点放学，所以我们决定每周大部分时间都让她留在学校，参加"课外活动"（fritids），直到下午 4 点。在瑞典，课外活动是一项有补贴的儿童保育服务，适用于 6 ～ 13 岁的学生。其使命是双重的：让孩子们在放学后做一些有意义的事情，并在在职父母工作时，帮他们照顾孩子。我们当地的“课外活动”每天有两个时间段开放：早上 6 点到 8 点，下午 1 点到晚上 6 点。对于那些还不到自带钥匙的年龄，或者只是喜欢放学后留下来和朋友一起玩的孩子来说，这是一个很受欢迎的选择。马娅的“课外活动”主题通常是活跃的游戏和艺术创造。孩子们从下午 1 点到 2 点半都在室外活动，然后回室内吃东西。天气好的时候，有时会让孩子在外面吃。剩下的时间通常是在室内或室外玩耍或做手工。很快，马娅开始带回家沾满泥泞的裤子和各种珠子工艺品。还有一次她带回来一顶自己给妹妹织的粉色帽子，她为此特别自豪。

除了解决父母的育儿难题，“课外活动”还让孩子们在校外更容易互相了解。没过多久，以前一直有点孤僻的马娅就交了一大群新朋友。所有这一切都是因为“课外活动”成了开展社交游戏的重要枢纽。在短短几周内，马娅和朋友交换了电话号码，并在我的允许下，和其他几个女孩计划放学后一起玩。父母们只是这一过程的推动者和监督者，如果当天没有其他安排，他们一般会同意；如果家庭已经有了其他计划，他们就会拒绝。每周都有好几天，我不是从“课外活动”那里多带一两个孩子回家，就是晚上去马娅的朋友家接她。放学后聚在一起玩并不是什么新鲜事，孩子们一直都在这样做。不过令我印象深刻的是，许多孩子在放学后似乎有大量空闲时间，而他们自己在很大程度上可以控制这些时间。当然，其中一部分原因或许在于学校放学很早，每周只有一次家庭作业，所以孩子们可以有更多自己的安排。但是还有一部分原因是，家长们并没有让孩子们参加有组织的课外培训，他们一点也不担心孩子缺少有老师指导的学习培训。

“我们不想让孩子在放学后参加太多的结构化的活动。”萨拉说。她的女儿丽芙是马娅的第一个玩伴。萨拉是一名教师，她有一头标志性的北欧金色卷发，利落的短发经常被塞在耳朵后面。她说 9 岁的丽芙和她

5 岁的弟弟诺亚只在春季和秋季的几个月里，每周上一次以游戏为主的体育课。有时他们会一起上游泳课，丽芙则每周单独去上一次舞蹈课。

“我想这就够了。”萨拉说。作为一名学生时代就成绩优异的教师，她显然很关心孩子的教育和未来，但她也希望给他们玩耍的时间和空间。“我个人不喜欢把事情安排在下班后，而且我认为放学后有太多的活动也会让孩子们感到压力。我 4 点半回家后，只想放松一下，和家人在一起。”

索菲娅是一名营养学家，她和丈夫以及两个儿子（一个 6 岁，一个 3 岁）住在布罗斯，她也有同样的想法。“我一直懒得给孩子报名参加活动。”她说，“我觉得还是不给他们安排太多事情比较好，除非他们自己有要求。我认为能够自主掌握空闲时间对他们的发展也是有益的。”

当然，家长们偶尔也会带孩子去动物园、游泳池和图书馆等。但是瑞典孩子在 6 岁开始接受正规教育之前，通常不会参加太多有组织的活动。让婴幼儿参加活动，更多是为了缓解父母的“居家综合征”，而不是为了让孩子们忙起来，或者是让他们比同龄人更有优势。这一阶段的儿童最有可能出现在“开放式幼儿园”。他们每周会去一两次。对于成年人来说，“开放式幼儿园”是一个很受欢迎的地方，他们可以与同龄人见面、喝咖啡，以及交流日常生活中的琐事。孩子们呢？他们就是去玩而已。

我在复活节假期时拜访了本地的“开放式幼儿园”。在那里我见到了居家办公的玛根，她带着小儿子曼恩过来。他正在长牙，感觉不舒服，还不能全天上幼儿园，所以玛根把他带到这里，只是为了让他能在外面待几小时。玛根来这不久就遇到了克里斯托弗，他正在休 6 个月的陪产假，带着 1 岁的儿子约翰和 2 岁的女儿艾伦。

克里斯托弗的孩子们还没有参加过任何有组织的活动，但他说以后可能会去上游泳课。克里斯托弗本人在农村长大，他的大部分陪产假是在户外和孩子们一起度过的。“现在天气好多了，我们上午出去玩一会儿，下午再出去。我确实觉得有必要每天出去走走。时间越长越好。”

玛根的孩子们上过婴儿游泳课，目前每周上一次以游戏为主的体操课。她觉得学会游泳和在水边注意安全是很重要的，因为他们家人常在湖上玩。玛根和克里斯托弗都表示，他们希望自己的孩子以后能参加一些有组织的体育运动，作为日常玩耍之外的另一种保持活力的方式。但他们似乎并不太在意最后会选择哪种运动。

“如果我儿子想踢足球也可以，但我永远不会强迫他。这必须是他自己的选择，等他准备好了，时机就到了。”玛根说，“不是每个人都喜欢团队运动，如果他不喜欢，我们就必须找到更适合他的运动。”

由于玛根是单身妈妈，而且全职工作，她的孩子们每周大部分时间都在幼儿园，每天在外面玩 3 ～ 4 小时。周末她通常带他们去室外游乐场，如果天气暖和，就和他们一起在后院宽敞的木地板上玩。她说：“我的孩子们喜欢跳来跳去、跑来跑去、钻来钻去，所以我通常会设置些障碍，让他们忙起来。”

当我开始为女儿们寻找课外培训时，很快就发现选择很有限。就诺拉来说，每周她有一节以游戏为主的体操课。我还可以开车 20 分钟送她去布罗斯参加每周一次的学龄前儿童游泳课。但除此之外，她这个年龄的孩子没有太多可以参加的活动。马娅倒是有更多的选择。除了体操课，周二还有唱诗班，爵士舞课可能会在春天开始。针对三年级及以上的学生，周三有童子军活动。根据瑞典男女平等的传统，这里的女童子军和男童子军组织在 20 世纪 60 年代和 70 年代合并，所有的童子军部队都是男女同校。当然，还有足球这项受到珍视的全民运动。不像其他的冬季运动，足球让瑞典有了一个难得的机会，可以傲视西邻挪威。这是一项可以让成年男子流泪和打架的运动，你会发现在瑞典，每一座城镇的孩子都在参与这项运动，不管这座城镇有多小。

尽管足球是一项全民运动，但瑞典的父母们似乎并不急于培养下一个兹拉坦·伊布拉希莫维奇（Zlatan Ibrahimović）。他是瑞典有史以来最著名、最受尊敬的足球运动员。一般来说，瑞典的孩子要到六七岁才开始踢足球，到更大一些的年龄才会每周定期参加比赛。兹拉坦自己在 5 岁时得到了第一双足球鞋，但直到 7 岁才开始在一支球队踢球。他说自己在一个名为罗森加德的贫困郊区的一块粗糙的碎石地上临时组队踢球时，学会了大部分技巧，并改进了自己的技术。“我在罗森加德踢足球是为了玩，这个过程成就了我。后来我把学到的东西带到了大舞台上。”他在接受瑞典《每日新闻报》采访时说。

我 9 岁的外甥奥利弗是个足球迷，他是兹拉坦的忠实粉丝。我的姐姐苏珊娜和许多其他瑞典母亲一样，一开始对足球完全不感兴趣。“你知道我的，我绝对不是‘足球妈妈’，我不能说我喜欢陪他去参加这些比赛。”当我向她打听足球培训班时，她告诉我，“但我确实很高兴他有一个爱好并为之着迷。”

按照美国青少年体育锻炼的标准，我外甥的日程安排都算不上繁重。在冬季，他每周训练一次，到目前为止，他还没有参加过任何常规比赛，每年只有 4 ～ 5 场锦标赛。他现在 9 岁了，每周四进行训练，通常在周日再进行一场比赛或训练。如果不算他在卧室里搭乐高积木，踢足球就是他唯一的课后活动。在夏天，除了偶尔的足球训练，根本没有任何有组织的足球活动，也没有其他任何有组织的体育活动。因为瑞典的父母非常在意自己的假期。通常情况下，他们每年至少有 5 ～ 7 周的时间在露营房车或海边的小屋里度过，或者在比瑞典阳光更充足的地方享受日光浴。

“我觉得孩子踢足球的话，可以不依赖父母陪他们玩。不管有没有训练，他们都可以玩。春天，雪刚融化，他们就在课间休息时踢起来了。夏天，他们能聚集在足球场玩一整天。”苏珊娜若有所思地说，“这大概是融入他们血脉中的天性。”

有些球队的训练安排比我外甥参与的更严格，而且并不是所有的父母都像我姐姐一样对运动成绩不上心。不过，瑞典足球联合会似乎决心在青年足球队中营造一种轻松愉悦的气氛。2017 年，该组织甚至禁止为 12 岁及以下儿童的足球比赛冠军颁奖。这个决定引发了不小的争议，因为许多父母觉得学会面对失败是生活中重要的一部分，有助于提高孩子的韧性。然而，青少年足球的领导者们对这项规定表示欢迎，因为它有助于安抚一小部分愤怒的父母，他们过去常常在关注度很高的比赛中给裁判和对方球队制造麻烦。

当然，参加有组织的体育运动有很多好处。训练可以教会孩子努力、协作、自律、体育道德，以及很多其他可贵的品质。但训练太多太早意味着孩子们在外面“瞎玩”的时间很少，还会让父母变成疲惫不堪、脾气暴躁的专职司机。瑞典哈姆斯塔德大学的研究员汉斯・希尼奇（Hansi Hinic）专门研究有组织的体育运动对儿童的心理影响。他表示许多过早开始训练的人在 12 岁时就已经精疲力竭，对运动失去了兴趣。

“父母安排好孩子的日程，督促他们，因为他们关心孩子。但如果他们没注意到孩子反馈的信号，可能会错过重要的事情。”希尼奇告诉《乌普萨拉新报》，“孩子的幸福是父母的责任，他们要确保孩子不会承受太多压力。”作为一名前足球教练，希尼奇认为，很多孩子往往过早开始有组织的运动训练，其实大多数学龄前和小学低年级的孩子去户外自由玩耍会受益更多。他说："孩子们不应该参加有组织的体育运动，除非他们自己愿意。有时候，我甚至怀疑，是父母更想让孩子开始踢足球，而不是孩子自己想踢。"

许多美国父母喜欢让孩子参加尽可能多的运动，其中一个原因是他们不想让孩子成为久坐不动、沉迷于游戏的"家里蹲"一族。父母的初心是很好的。而且在儿童肥胖率屡创新高和"久坐像吸烟一样有害健康"等口号的影响下，这是完全可以理解的。但根据美国运动医学学会（ACSM）对当前青少年运动研究的总结，体育运动是否可以预防肥胖，还没有定论。部分原因似乎是，孩子们在运动中消耗了大量卡路里后，会通过吃更多的垃圾食品，喝更多的含糖饮料来弥补。与不运动的同龄人相比，他们摄入的能量更多。

锻炼当然对孩子有益，无论他们是否超重。不过让人欣慰的是，即使孩子不想玩足球、儿童棒球或儿童橄榄球，只要花时间在户外玩耍，也会过得很愉快，而且不太可能受伤。哥本哈根大学的一项研究表明，与参加有组织的体育活动相比，孩子们在户外自由玩耍时实际上得到了更多的锻炼。领导这项研究的体育研究员格伦·尼尔森（Glen Nielsen）将加速度传感器放在 500 名丹麦儿童和 500 名新西兰儿童身上，然后在 3 天内跟踪他们的活动。出乎意料的是，他发现孩子们的大部分锻炼都是在课间休息、去游乐场，或者在附近玩耍时完成的，而有组织的体育活动对整体锻炼水平的贡献很小。

不过，并不是所有的户外自由游戏都有同样的锻炼效果。户外环境越多样，孩子们在户外停留的时间就越长，体力活动量也就越大，从而更容易保持标准身材。瑞典的一个研究小组对 9 所不同幼儿园的儿童进行了比较。他们发现，儿童在高质量的户外环境中，即有大量树木、灌木、岩石和山丘的地方，玩耍的时间越长，他们就越有可能拥有正常的身体指标，超重的概率就越小。此外，位于挪威波什格伦的泰勒马克大学的教授英贡·菲约托夫特（Ingunn Fjørtoft）对挪威 3 所不同学前班内 5 ～ 7 岁儿童进行了比较研究。她发现，每天在森林中玩耍的孩子比只在传统操场上玩耍的孩子有更好的平衡和协调能力。孩子们在自然界中面临着更复杂的身体挑战，运动技能和整体健康水平也因此提高。

瑞典资深幼儿教师埃尔内比指出："与很少在自然区域自由活动的孩子相比，在大自然中待了很长时间的孩子的手、胳膊和腿更强壮，平衡能力也明显更好。在大自然中，孩子们会锻炼到更多不同的肌肉群。只要有机会，孩子们也会主动锻炼关节和肌肉。"

在活动中，更少的结构化教育和更多的儿童主导有另一个好处，就是可以提高儿童完成任务的能力。从本质上讲，这使他们能够更好地发展延迟满足的能力，表现出自我控制力，并设定和实现自己的目标。无论是有组织的体育运动、俱乐部活动，还是其他由成人主导的活动，都将孩子们的时间安排得太满了，这也意味着他们错过了无聊的好处。太多的刺激意味着大脑几乎没有时间休息和恢复。坦率地说，孩子们几乎没有时间去想清楚自己是谁，想要什么。在美国，这种忙碌早在幼儿期就开始了，但并没有因为孩子们长大而结束。相反，学生离大学越近，课外培训的车轮似乎转得就越快，而且家庭作业的负担也在不断增加。

杰斯珀·尤尔（Jesper Juul）是一位著名的丹麦家庭治疗师，也是《培养有能力的孩子》（*Your Competent Child*）一书的作者。尤尔对许多传统的育儿原则发起挑战，声称无论年龄大小，无聊都是实现更好的自我平衡的关键。无聊甚至可以培养创造力，而且这种创造力并不局限于艺术课堂之中。"创作阶段充满了反思……这为孩子们提供了平静和恢复。"尤尔在书中写道，"这让孩子们更加独立，社交能力也更强。"

那么，对于那些时刻感到压力，要不断为孩子提供娱乐和无穷无尽的自选活动的父母，尤尔有什么建议呢？“当孩子过来说他‘太无聊了’的时候，给他一个拥抱，并告诉他，‘祝你好运，我的朋友！我很想看看你要做什么。’”

户外运动：让宅家的孩子爱上出门

在美国，马娅在女童子军中很活跃。我的两个女儿都定期去上游泳课和骑马课，但两人都没有表现出对有组织的运动的兴趣。我们在工作日不看电视，除了做家庭作业的时间，她们的时间相当自由。我们的后院有风景如画的落叶林，一条小溪穿过树林。附近还有几个自然游乐区，我曾帮助女孩们用树枝为小仙女和其他想象中的森林生物建造堡垒。但为她们提供适合户外运动的完美条件，以期让她们健康地发展是一回事，让她们真正出去玩是另一回事。

在成为母亲之前，我有一个有点浪漫的想法，那就是我的孩子们会在下午自由地在外面玩耍，直到傍晚被叫回家吃晚饭，就像我小时候一样。在我们去瑞典之前，这样的情景仅实现过一次。通常在锅还没烧热之前，她们就已经回到家里了。

考虑到我的女儿们独自在户外玩耍时表现一直不够好，我很想知道诺拉将如何应对她的新幼儿园的日常活动。她会不会冲老师大喊大叫，说她讨厌滑雪裤？到了要去外面玩的时候，在地板上缩成一团像一个扭动的球？当全班人都要步行去学校外的地方时，要求老师抱着？几周后，我把幼儿园的老师巴布罗拉到一边，问她情况如何，特别是诺拉如何应对户外游戏安排。“我没有注意到她在抱怨。”巴布罗说，“话说回来，所有孩子都要去外面，所以这件事不值得讨论。”

这是个好消息，但在家里，我最初并没有注意到太大的变化。周末时，诺拉仍然喜欢待在家里，我需要付出相当大的努力，才能让她出门。出门散步要看运气，而且不止一次因她戏剧性地声称自己突然生病而不得不中断，我只好背着她回车里或房子里。除非有比赛、去游乐场，或者我承诺将会有热巧克力，不然诺拉对户外娱乐根本不感兴趣。但既然我们在瑞典，我想可能会有正确的解决办法。

在法国，孩子们从小就沉浸在高级烹饪文化中，学习如何享用蓝纹奶酪和焗蜗牛等美味佳肴。在斯堪的纳维亚半岛，孩子们无论是在学校还是家里，都沉浸在户外文化中。从冬天的滑雪和滑冰，到夏天的徒步旅行和骑自行车，学习如何在户外活动被认为是全面教育的重要组成部分。父母有很多理由向孩子灌输户外生活的精神，也许最主要的原因在于，这是一种既能保持健康又能和一家人一起做事的有趣方式。对许多斯堪的纳维亚人来说，这也是表达对自然的赞赏的最佳形式，而且这一方法只有通过亲身体验才能传给下一代。

我已经不记得第一次站在越野滑雪板上是什么感受了，但我可以确定自己的第一反应肯定不是对自然的热爱。越野滑雪和高山滑雪都需要相当强的耐力、运动能力和平衡能力。虽然越野滑雪更容易掌握，但它缺乏那种原始的兴奋感。这种兴奋感只有在高山滑雪中，当你站在狂风肆虐的山顶上，即将进入“黑钻道”[①]那一刻才能被唤起。还有一点，越野滑雪中没有升降机帮助你翻过山丘。如果说高山滑雪像一种无法抗拒的诱惑，充满了肾上腺素和即时奖励，那么越野滑雪更像一种后天养成的嗜好，随着时间的推移，你可能会喜欢上它，也可能不会。

我已经有近 20 年没有玩过越野滑雪了，但既然到了瑞典，就要像

① 滑雪道的难度级别，“黑钻道”是滑雪场中难度最高的雪道之一。——编者注

瑞典人一样在森林里玩越野滑雪。在冬天即将结束时，我想是时候让马娅和诺拉也感受这项传统了。我从妹妹的小屋里翻出我的旧装备，并为马娅和诺拉借了两套滑雪板。她们分别在 5 岁和 3 岁时在美国学会了高山滑雪，但我从来没有机会教她们如何越野滑雪。我不确定她们会怎么想。在滑雪板的选择上，她们早就已经放弃了双板，换成了单板，因为觉得单板“酷得多”。越野滑雪的体验很丰富，但很难跟“酷”沾边。因为很早就让她们学了高山滑雪，所以我都怀疑自己是不是永远扼杀了她们尝试越野滑雪的欲望。我也知道，虽然户外运动可以让家人团结一心，但初学阶段可没有这种效果。倒不如说，初学过程可能会将最牢固的关系推向破裂的边缘。

我一直在等待时机，直到一天下午放学后，滑雪的条件非常完美。雪深刚刚好，阳光照亮了小木屋附近的俱乐部，让那里的林间雪道闪闪发光，就像有人在上面撒了十亿颗珍贵的小钻石。是时候启动越野滑雪行动了，但孩子们一点也不兴奋。

“我不喜欢越野滑雪！”马娅抱怨道。

“你怎么知道？”我反驳道，“你连试都没试过！”

“太无聊了。”

诺拉很快插话道：“不要！我不想去滑雪！”

我又一次想办法成功地压制了抗议。刚到雪道那里，她们就兴奋了。

“我想快点滑！”马娅说。

“你得先学会正确的技巧，亲爱的。看妈妈！右臂和左腿向前，然后左臂和右腿向前。我们一起练习，先绕着这个足球场滑几圈。”

马娅假装没听见我说话，然后滑向树林。

“诺拉，你能看着妈妈吗？这是你的右臂，而这个……”

她打断了我的话："我会了，妈妈！我已经知道怎么越野滑雪了。"

"很好，但我认为我们还是应该留在足球场这边，天很快就要黑了。"

诺拉也不理我，而是跟着姐姐冲向那条长达 3 公里的通向树林的小道。当她们在足球场尽头遇到第一个小斜坡时，又窄又长的滑雪板使她们失去了平衡，不幸地摔成了一堆。这一事故导致马娅左侧的滑雪板松脱。诺拉利用这个机会跑到了姐姐前面，本来一切都相当顺利，直到诺拉再次摔倒并失去了领先优势。诺拉大发脾气，我则尽力控制着局面，而马娅完全没停下，一定要确保自己的领先地位。如果说"户外生活"的精髓在于"没有竞争压力"，我的孩子们显然还没有领会到。

等到诺拉平静下来，准备重新站起来的时候，马娅已经不见了。我们沿着小道深入树林，呼唤着马娅的名字，但没有得到回应。突然，我听到了她的声音从左边传来，却不知人在哪里。原来她已经离开了小道，不知怎么爬上了附近最高的山坡。

"妈妈，我在上面！我终于要开始滑雪了！"她兴奋地大声喊道。

那一刻我意识到，你可以带孩子远离高山，但孩子永远不会忘记高山滑雪的刺激。我还在感慨时，她就已经摇摇晃晃地俯冲下来了。可惜没滑多远，她就不小心翻过一处雪堆，头朝下栽进了雪里。这一事件引发了第二次情绪崩溃，不过这次是马娅。"别抱怨了！"诺拉对姐姐毫不留情地喊道，完全忘记了自己刚才的表现。

这显然是火上浇油。我们至少还有 1 公里的路要走，而黑暗已经笼罩了周围的树林。我几乎要开始后悔把 20 多年前的越野滑雪活动捡起来了，它本来藏在我大脑中一个满是灰尘的文件柜里，只是一段有趣的童年记忆。就在我认为情况不会变得更糟的时候，另一个滑雪者在雪道上迅速接近我们。她年纪比我稍微大一点，从她的装备来看，她是雪道上的常客。我尽量表现得泰然自若，做好了接受批判的准备。她放慢了脚步，目光从山坡上那个愤怒的 8 岁孩子转向雪道上那个自鸣得意的 5 岁孩子，然后又落到我这个恼怒的妈妈身上。“不容易啊！”她摇了摇头，同情地说道。我想哭，想向这个完全陌生的人倾诉我的心声，但我没有。相反，我在脑海中重复她的话，就像念咒一样，挤出最后一滴能量，帮助马娅重新站在滑雪板上。我们还是想办法完成了首次越野滑雪之旅，没有再遇到别的干扰。

回到车里，我已经准备好在可预见的未来放弃和孩子们一起越野滑雪，但让我惊讶的是，女孩们的情绪突然发生了变化。“太棒了！”马娅说。“我想再去一次。”诺拉说。我心里偷笑。这次经历不迷人，并不容易，也绝对不酷，但我不在乎。我成功地将“户外生活”传统教给了孩子们，我默默地在内心的清单中打了个勾。

There's No Such Thing As Bad Weather

北欧育儿秘诀 第3条

让童年保持简单，抵抗与邻居的孩子攀比的冲动。记住，学龄前儿童除了要有足够的时间自由玩耍，需要做的事情很少，而用一连串“丰富”的活动来填满他们的时间表，可能弊大于利。如果你认为孩子所在的幼儿园过于专注学科教育，不妨寻找其他可以提供更多的儿童自主游戏和自然体验的机构。

建议阅读：卡尔·奥诺雷（Carl Honoré）：《压力之下》（*Under Pressure*），初丽岩译，华东师范大学出版社 2010 年出版。

第 4 章

森林学校，激发孩子探索的天性

自然中的孩子们

一半在感知，一半在创造

＊ ＊ ＊

There's
No Such Thing
As
Bad Weather

如果你能帮助孩子爱上大自然，他们就会主动保护自然，因为人们会珍惜所爱的事物。

——森林野人穆勒（Mulle）

2 月下旬，高压系统带着暖空气来了，地上的雪融化得比电磁炉上的椰子油还快，小木屋外面的院子完全变成了泥潭。天色阴郁，冰雪消融，日光变幻莫测，而且还有雨。雨虽不大，但是淅淅沥沥地下着，慢慢腐蚀了人们去大自然中娱乐的动力。我在家里待了一天，一直盯着电脑屏幕。然后我去找爸爸聊天。他这两天过得不错。

"我们昨天绕着湖走了一圈。"他说，"伯恩特以为我会因为天气原因不去了，怎么可能！人不能退缩，得咬紧牙关扛过去。"听起来他很乐观，哪怕最近一次在医院肿瘤科的会诊结果是喜忧参半。好消息是，医生顺利完成了手术计划，而且看起来肿瘤没有转移。坏消息是，医生还是希望他接受 6 个月的预防性化疗。"我的运动应用程序显示我从 9 月以来已经走了 570 公里，感觉比我一辈子走的路还多。"他有点不好意思地补充道，"我从没想过我会这么说，但我觉得自己已经对每天的散步上瘾了。"

换成我的话，感觉从上周到现在，就像走了 570 公里。我在美国很难找到散步的地方，但在这里，找到步行道绝对不是问题。事实上，我每年夏天回来时都会发现布罗斯好像少了一条车道，车道变成了步行街，或者至少车道的一头被堵住，变成死路，从而减少了车流量。原来的停车位变成了自行车停放区，街道被改造成了“口袋公园”，周围是小花园和河边步道。值得注意的是，这是瑞典现在的政策趋势，政府希望减少城市污染，提高市中心的人车比。如果开车变得不方便或成本高昂，人们就会选择步行、骑自行车或乘坐公交车，这也正是市政府说的“推广环保出行方式”。不仅如此，由市政府运营的大部分车辆都使用沼气燃料，并计划于 2030 年前，淘汰所有使用化石燃料的公共交通工具。

几十年前，市中心街道刚开始禁止汽车通行时，周边的一些店主都有点担心店铺倒闭，因为顾客不能把车停在路边以及离店较近的地方。随着时间的推移，这些担心被证明是没有必要的。市中心的商业街欣欣向荣，比以往更像是市民的活动中心。这里有着文艺范的咖啡馆；在夏季，市镇广场每周举办音乐会；独特的窗口式精品店与几家繁忙的百货公司相邻；在市中心还“挤”进了一座奇幻瑰丽的大型游乐场，这成了有孩子的家庭最喜欢的去处。

今天，很少有人希望市中心恢复以前的车流量。我也不希望改回去。事实上，这座城市正是我理想城市的范本：制订一个雄心勃勃的计划，减少温室气体排放，创造一个真正可持续发展的社会。减少市中心的车流量只是其中很小的一部分。不过有一天，当我开着旅行车在图书馆周围转来转去，试图在 1 公里以内找到一个停车位时，我确实觉得不方便，而且收费太高。因为我在城里随便跑了几趟就已经支付了相当于 20 美元的停车费。

在我 69 岁的母亲来小木屋看望我和孩子时，我跟她简单地抱怨了几句。她完全不同情我的遭遇。她眉头微皱，抿嘴微笑，看着很放松，但其实是要发表批评了。

“你已经变得美国化了。”她以一种非常清楚的方式表明，这并不是一种赞美，“你应该把车停在火车站旁边，那是城里停车最便宜的地方。”

“嗯，我知道，但我要去 3 个不同的地方，没有一个在火车站附近。”我不由自主地反驳道。

“从火车站步行过去没那么远，去哪里都很近。”

“是的，但我当时带着笔记本电脑和另一个包，提着很沉，我想提高效率。”我告诉她我全程得步行约 3 公里才能到达所有目的地。

“那也不远。你原来很喜欢散步和呼吸新鲜空气啊，这有什么问题呢？”

“好吧，我刚才说了，我当时带了一些东西。而且我穿着去开会而不是去远足的衣服。我并不介意走路，但没穿防风裤的时候有点冷。”

“所以你就指望能把车刚好停在你要去的地方旁边？你过得太舒服了。”

我们最终放弃讨论我是不是懒惰的问题，把话题转移到了没有太多争议的方面。但在她离开后，我不禁怀疑自己的习惯是不是还没有转变过来。虽然我永远不会向我妈妈承认这一点，但美国的生活可能真的有点太舒适了，让我完全习惯了开车去任何想去的地方，以及享受各种免下车服务。

在许多工业化国家中，以人类为中心的自然观占据了文化主流。在这种观念下，自然可以说是一个独立于人类之外，只是由人类掌握和任其攫取资源的对象。还有的文化认为人类是自然和所有其他生命的管理者，而这种责任是由神圣的造物主赋予我们的。

然而在北欧流行的是第三种观点，这里的大多数人认为人类与自然密不可分。瑞典精神病学家兼作家尼尔斯·乌登伯格指出，瑞典人甚至倾向于将其他生物视为与人类同等重要的存在。“这种观点的产生基于一个事实，即包括人类在内的所有生物都依赖所处的生态环境，并在其中发挥各自的作用。”按照这个逻辑，如果伤害自然，最终也会伤害自己。丹麦景观建筑师赫勒·内贝隆（Helle Nebelong）热衷于为儿童设计自然的游戏空间。他是这样说的：“我们人类是大自然的一部分，我们有融入大自然的需求。我认为这种需求将随着全球的发展而增长。我们需要经常置身于大自然中，以实现平衡与和谐。从长远来看，我们不能否认我们是生物有机体。”

全感官探索：塑造全面观察力

到了春天，诺拉所在幼儿园的孩子们开始参观他们的“学校森林”。他们步行约 15 分钟即可到达森林，而且去得越来越频繁。

学校森林是学校包括幼儿园可以用来进行户外游戏和环境教育的森林，在瑞典有 1 000 多个。这一概念是在 20 世纪 80 年代由私人土地所有者和学校合作提出的，目的是增加儿童对森林生态和森林产业的了解。与土地所有者达成的协议通常允许学校改变环境，授权范围超出“公共通行权”允许的范围，例如，允许学生标记道路、建造火坑、建造避难所、张贴标志，在某些情况下甚至可以砍伐树木。

户外学习是北欧地区的古老传统。瑞典医生、生物学家卡尔·林奈（Carl Linnaeus）在 18 世纪就支持这一观点了。他以生物分类法而闻名，至今国际上仍在使用他创建的分类体系。“如果你不知道事物的名称，就无法记住与之相关的知识。”他写道。虽然他划分整个自然界的目标被证明过于庞大（到 1778 年林奈去世时，大约有 2 万种物种被分类；

今天这个数字接近 150 万，每年都有更多的物种被发现），但他探索自然和倡导科普教育的精神会一直存在。

早在 100 年前，瑞典教师就必须上一天植树课，而森林远足是生物课程的常见内容。如今，斯堪的纳维亚半岛的许多教师定期利用校园和附近的自然区教授数学、科学、历史和其他科目。在课堂外教学生被称为“户外课堂”（udeskole），它不仅仅是一种实践性的、跨学科的学习传统学科的方法，也被视为学生在上学期间与自然环境建立关系并与大自然保持接触的一种方式。“研究表明，如果老师做好相应准备，学生交替着在户外和室内学习，会取得更好的成绩。”瑞典林雪平大学国家环境与户外教育中心主任安德斯·什切潘斯基（Anders Szczepanski）说，“当我们在不同的环境中四处走动并享受乐趣时，大脑的某些部分会受到刺激。当我们在户外时，我们会依靠直觉。我们需要更频繁地这样做。”

诺拉的幼儿园使用的学校森林是典型的瑞典松林，那里的丘陵上到处都是巨石、蓝莓灌木、苔藓、蕨类植物，有时可见一些横卧的树木。有一天，当我陪同她们班上的孩子去森林时，他们聚在火坑周围的原木上，快速地吃下三明治和水果。然后，在一场比赛和唱歌环节之后，他们散开自由玩耍。诺拉立即找到了唯一一棵适合爬的树，并迅速爬上树枝，直到离地 2 米多。其他几个女孩在火坑旁围成一圈，仔细观察一只甲虫，它拖着另一只看起来已经死了的甲虫在岩石上走来走去。附近，四五个孩子爬上一块巨石，假装是大船上的海盗，挥舞着细长的像剑一样的树枝。

“你们是要驾船去另一个国家吗？”幼儿园教师马里特问他们。

“不，我们要去商店！”岩石上的一个男孩兴奋地喊道。

"市长来了！"另一个男孩喊道，在他的想象中，杰克·斯帕罗［《加勒比海盗》（*Pirates of the Caribbean*）系列电影的主角］和当地政府官员一起购买食品杂货并不让人惊讶。

有一件事让我印象深刻，那就是这些孩子在树林里看起来都很舒服、自在。记得当时巴布罗指着远处说，山下的树林间能看见湖面波光粼粼。4 岁的女孩朱莉娅惊呼道："那是我的湖！"朱莉娅就住在湖边，距离我长大的那条街不远，我很清楚她的意思。瑞典的孩子们有一种深刻的感觉，即大自然属于他们，他们属于大自然，这种感觉伴随着他们成长。

儿童与自然活动领域的许多思想家认为，为了培养这种和自然的密切关系，儿童需要运用他们所有的感官，完全投入其中。当他们这样做的时候，他们并不总是遵守美国户外道德准则——"不留痕迹"。"不留痕迹"最初是一项指导原则，是为了指导人们在偏远地区负责任地游玩，其目的是保护被大量游客光顾的地区，让特别脆弱的生态系统免受人们的蹂躏。但是，如果从字面上解释这些原则并应用到孩子们身上，会有一些意想不到的后果。他们通常擅长在任何地方留下痕迹，在清理干净的地板上留下泥泞的脚印，在院子里挖出一个小坑，将小石头和各种零碎杂物弄进洗衣机里。他们不是故意的，孩子们天生就是这样。

我注意到，在美国，一些成年人过于极端地执行"不留痕迹"准则，他们有时会因为小到像收集石头或采摘普通花朵这样的行为而教训孩子，告诉他们"花朵是蜜蜂的食物"，并问一个经典的问题："如果每个人都捡了一块石头会发生什么？"一些研究人员认为，这种对"不留痕迹"的古板解释会限制儿童与自然世界建立有意义的联系，甚至可能加剧人与自然的分离。托马斯·比里（Thomas Beery）是瑞典克里斯蒂安斯塔德大学环境科学系的助理教授，孩子们热爱收集，他对这点很感兴趣。他说收集自然物体可以促进户外游戏，提升创造力，还可以丰富户外知识。他在一项研究中表明，超过 80% 的大学生童年时曾收集过岩石、贝壳或昆虫等物品，或者在大自然中觅食，而受访人群中的“收藏家”认为自己与大自然的联系比“非收藏家”更紧密。

从理论上讲，收集物品违反了“不留痕迹”，即应该“把你发现的东西留在大自然中”的规定。但比里认为，可以在负责任的基础上进行收集，并开启关于环境管理的讨论。“例如，当我们从池塘里搜集蝌蚪时，我们应该怎样负责任地让它们存活下来，并在了解它们之后，让它们回到属于自己的地方？”

类似的情况也出现在诺拉的幼儿园。孩子们有时会把外出发现的东西带回来。老师们通常把他们的好奇心视为学习的机会。巴布罗说:“如果孩子们想收集东西，我们会鼓励，但当然不能让他们把整个森林都带回家。我们有一个小男孩对岩石感兴趣，他会装满一口袋石头。等我们回到幼儿园，他就会数捡了多少，也许还会将石头按大小分类。我认为这是有益的事情。”

比里在美国进行过“不留痕迹”的推广教育工作，他认为制定户外道德准则是一件好事。但他也认为，孩子们在与大自然的互动中需要有更多的自由。“当然，如果我们讨论的是一个非常脆弱的濒危物种栖息地，那就不是能随便玩耍的地方了。总有些地方不能露营或者搭建棚屋，这是肯定的。但我认为，在城市附近可供儿童玩耍的自然环境中，严格执行‘不留痕迹’的原则有点过了。”

正如比里和其他研究人员所指出的，与成年人相比，青少年以更感性的方式探索自然，这样做不可避免地会对环境造成一些破坏。在像诺拉待的这种学校森林里，一些植物在孩子们脚下被践踏，经常有人走的地方土壤被压实，还有常被攀爬的树木上一些较细的树枝会被折断。

但是，孩子们到底对常有人去的自然游乐区造成了多大的伤害？环境科学家，同时也是伊利诺伊大学厄巴纳－香槟分校娱乐、体育和旅游学助理教授的马修·布朗宁（Matthew Browning）着手寻找答案。2009年，曾做过国家公园护林员的布朗宁前往瑞典，研究学校周围的森林。许多孩子聚集在那里一起玩耍，几乎没有成年人的干预。在收集和分析数据，并将其与美国类似的自然游乐区进行比较后，他发现，尽管儿童活动最初造成了一些损害，如土壤流失、植被破坏和树木损伤，但这些影响通常在两三年内趋于稳定。正如他所预见的那样，这些地区的生态系统在很大程度上仍然保持着正常运转。他还注意到，在瑞典，成年人似乎并不那么担心孩子们在树林里横冲直撞。“这里没有这种‘不留痕迹’的心态。”他补充道，“美国的道德准则被误解了。‘不留痕迹’实际上是为了宣扬土地伦理。这并不是说你永远不应该在去户外娱乐时对环境产生影响。更应做的是减少这种影响，并了解什么是土地伦理。”

说回诺拉的学校森林。巴布罗正在吃着她为咖啡休息时间带来的一块自制松饼，而其他老师则在照看孩子们。诺拉终于从树上下来了，一个男孩取代了她的位置。另一个男孩正在玩火坑里烧焦的木头，满足地炫耀着他发黑的手。在巴布罗看来，一切都很好。她说：“我认为让孩子们在大自然中感受快乐是非常重要的。我们希望他们能从中获得美好的回忆，希望以后他们会对保护它感兴趣。”

巴布罗认为应该定期给孩子们机会，让他们在大自然中学习，与大自然建立联系。在瑞典的幼儿教育工作者中，她并不是唯一这么想的人。事实上，在斯堪的纳维亚地区，这种想法是如此普遍，以至于它催生了一种革命性的学前教育模式，将课堂直接置于自然的中心，这就是“森林学校”。

自然课堂：让孩子成为“创想家”

深冬的一天清晨，早上 8 点，天气阴冷。在斯德哥尔摩东部利丁厄岛居民区的一家幼儿园里，有十几个孩子正准备开始新的一天。早上在教室地板上的字母表地毯上聚会之后，他们又聚在一个圆顶帐篷里，围坐在舒适的垫子上，在燃烧的火堆旁取暖。他们谈论了一会儿天气，唱了一些关于雪的歌。聚会结束后，他们分散在院子里活动。院子的空间很大，地面崎岖。除了圆顶帐篷，这里还有一个简易遮阳棚、一家木工坊、一些原木台阶、一个鸡笼、几棵松树和一些自制玩具，比如托盘制成的火车。一排婴儿车被安置在主楼墙上的一个小屋顶下，最小的孩子可以在这里打盹。主楼是一座低矮的房子，有红木墙板。在院子的中心，还未融化的冰雪已经成为一个受欢迎的滑雪场。5 个女孩看起来年龄在 3 ～ 4 岁之间，她们抓起几辆雪橇便开始把它们绑在一起，然后冲下雪坡。在院子的另一边，一个男孩偷偷地围着营地转，同时把一块树皮像手机一样举到耳朵边。

注：瑞典一所森林学校的老师安娜·莫尔伯格（Anna Mållberg）带着孩子们在树林里探险。

◎ 图片来源：琳达·埃克森·麦格克摄。

"呼叫所有的忍者！"他对着"手机"喊道，"城里有蛇在游荡，有人能过来吗？"另一个男孩爬上了一棵细长的松树，加入了游戏。"城里有危险！地上有很多蟒蛇！小心！"

像这样的场景每天都在瑞典第一所森林学校穆勒堡（Mulleborg）上演。大多数时候，孩子和老师整天都在附近的森林里度过，在那里，孩子们自己想出了一些最受欢迎的景点的名字：蓝莓山、阳光山和西利亚线。命名他们最喜欢的景点并不是他们拥有这些地方的唯一方式。

"每当我们去森林里的一个新地方，孩子们做的第一件事就是收集树枝来建造一座堡垒。"穆勒堡的教师玛丽亚·莫滕松（Maria Mårtensson）在远处看着孩子们玩耍时告诉我，"这几乎就像是他们在标记自己的领土。"

注：瑞典一所森林学校的4个男孩在一条蜿蜒着穿过树林的小溪里玩耍和寻找青蛙。

◎ 图片来源：琳达·埃克森·麦格克摄。

利丁厄岛上有大约 45 000 名居民、8 所森林学校和无数的堡垒，这样的环境条件使其成为瑞典幼儿教育的中心。该教育方式始于 20 世纪 80 年代，当时两位户外幼儿园老师梦想着让孩子们沉浸在大自然中，并每天教他们了解环境。

“当你花时间在大自然中时，你就能学会理解和保护大自然。这一切似乎是必然发生的。”自称为企业家的穆勒堡联合创始人苏珊娜·德罗格（Susanne Drougge）说，“无须说教，你会自然而然地令孩子们对自然和环境产生兴趣。”

第一所现代森林学校于 20 世纪 50 年代在丹麦成立，但当德罗格和她的同事西夫·林德（Siw Linde）于 1983 年在瑞典提出这个想法时，它彻底打破了当时盛行的传统的城市幼儿园模式。森林学校理念背后的想法很简单：通过在大自然中度过尽可能多的时间，日复一日，年复一年，刺激孩子的体能、认知和社会发展。在森林学校，大自然变成了没有围墙的教室，孩子们在一个培养好奇心和增强自尊的环境中，通过运用全部身体和所有感官的自主游戏来学习。人们认为在这个过程中，他们将成为这片土地上负责任的管理者。德罗格和林德在一次汽车修理课上认识，创立森林学校的想法很快就得到了当地家长和瑞典户外协会的支持。说服当地政府很困难，不过在通过所有的监管环节后，穆勒堡终于在 1985 年开始招生。

德罗格说：“当我觉得有些事情对孩子们、对社会和自然都是正确的时候，我很难不去做它。”

通过森林学校，德罗格找到了一种完美的方式来表达她对大自然和户外活动的热爱。让孩子们大部分时间待在户外，通常是在远离幼儿园建筑的树林里，没有任何室内或室外的卫生设施，这些实际情况并没有吓到她。相反，她觉得待在户外反而更容易，因为干扰孩子们玩耍的东西更少，他们有更多的空间可以自由活动。“你会变得非常擅长在户外换尿布和使用营地厨房做饭。”她说，“当你在户外时，一切都变得如此简单。孩子们总有事情可做。归根结底，我认为这取决于你是否愿意走出自己的舒适区并在生活中学习新事物。”

穆勒堡的开业引起了连锁反应，如今瑞典有200多所森林学校。全球范围内有数千所森林学校。这些学校有时也被叫作自然幼儿园、户外学校、森林幼儿园和灌木学校。在斯堪的纳维亚半岛以外，森林学校在英国和德国特别受欢迎，而且其在日本、澳大利亚、加拿大和美国的受欢迎程度也在大幅增长。

瑞典绝大多数森林学校都有一份等待入学的名单，对他们感兴趣的家长通常有两类：他们要么自己非常喜欢户外活动，要么认为户外生活能给孩子的健康带来益处，觉得孩子在家里兴趣缺缺，但自己没有时间陪孩子开展户外活动。许多家长让自己的孩子进入森林学校，因为他们想让孩子学习如何保护大自然。

2014年，当瑞典王位继承人维多利亚公主和她的丈夫丹尼尔亲王为他们两岁半的女儿埃丝特勒选择幼儿园时，瑞典的森林学校模式已经非常流行。这是一个时代的标志，他们选择了当地的一所森林学校，而不是进行学科教育的幼儿园。“对我们来说，让大自然进入我们孩子的日常生活是极其重要的。”维多利亚公主在孩子入学时告诉记者，“森林学校使用的教学法我认为非常合理，尤其是在他们对自然的态度方面。”只有在斯堪的纳维亚半岛，玩棍子、在一块防水布下吃午饭，以及在树林里挖坑如厕，才会被认为是适合公主的生活。

为了教导学生，包括公主们如何保护环境，瑞典森林学校有一种特殊的工具可供他们使用。它的名字叫野人穆勒，毛茸茸的苔绿色头发上顶着一顶由桦树皮制成的锥形帽子。它看起来就像一个机敏、善良、幸运的野人。穆勒或森林野人穆勒，是户外道德准则的象征，通常被认为是全瑞典儿童的“户外教育之父”。美国最接近的同类产品可能是斯摩基熊，一个向公众宣传森林防火的形象。穆勒由当时担任瑞典户外协会理事的约斯塔·弗罗姆（Gösta Frohm）于 20 世纪 50 年代创想出来。穆勒会用故事、歌曲和游戏来教孩子们了解大自然以及如何保护大自然。

“野人穆勒是我们使用的一种教学工具。”穆勒堡的负责人凯萨·卡尔斯特伦（Kajsa Källström）说，“孩子们读过关于穆勒的书，他们知道是有人扮成了它。穆勒就像圣诞老人一样，激发了孩子们的想象力。”

注：约斯塔·弗罗姆装扮成最初的“野人穆勒”。穆勒是一个友好的森林“野人”，教育孩子们了解自然。

◎ 图片来源：斯文·努德勒夫（Svenne Nordlöf）摄。

根据瑞典户外协会的统计，多达200万儿童接受过“野人穆勒”的教育。他们要么去了森林学校，要么加入了该协会为儿童设立的众多自然团体之一，即所谓的野人穆勒学校。不管怎样看重野人穆勒对瑞典户外教育的影响都不为过。而且在国际上，这种现象已经传播到挪威、芬兰、拉脱维亚、俄罗斯、英国和德国。在日本，他领导了户外教育的兴起，赢得了更多的狂热追随者。500多名日本教育工作者蜂拥到瑞典接受穆勒的简单哲学培训，其理念大致如下：“如果你能帮助孩子爱上大自然，他们就会主动保护自然，因为人们会珍惜所爱的事物。”

穆勒堡的联合创始人德罗格甚至将这一学说称为“穆勒教学法”。她说：“穆勒教孩子们关心自然，如何分辨不同的植物和动物。今天我们比以往任何时候都更需要这种教育。我们需要那些仍与大自然保持联系、理解自然运作规律的成年人。我们不能继续消耗所有资源而不给地球任何回馈。通过穆勒，这些教育是自然而然发生的，不用说教。你只需培养孩子对大自然和环境的兴趣即可。”

生活中学习：北欧孩子保持好奇心的秘诀

斯堪的纳维亚地区的生活节奏与季节更迭同步，每一个季节都有独特的庆祝意义。然而，游客们通常不会像去巴黎或纽约那样来斯堪的纳维亚半岛“迎接春天”。这是可以理解的，因为这个季节有时感觉像是漫长冬天的延伸，只是温暖些，雪少了。客观地说，从气候上看，瑞典的春季在2月15日之后才来临，此时，连续7天的平均气温能达到0～10℃。客观的春季界定与人们主观上对春天的感知可能并不完全一致。那时，修剪用的锯子在林中“转”起来；人们搭着羊毛毯在户外用餐；泥土、蒸发的雨水和刚刚砍伐的松树散发着独特气味。生命复苏了。而且，如果雪融化得不够快，大家就会争相搬出庭院家具，好像这一行动将加速天气变暖一样。

“把春天简单视为天气回暖，就像把爱归结为我们大脑中的一系列化学信号。”在我和女孩们一起参加的庆祝春天到来的“瓦尔普吉斯之夜”（valborg）上，有位演讲人说道。瓦尔普吉斯之夜是一个起源于中世纪的传统节日，每年 4 月 30 日举行，其现代形式通常包括合唱、学生游行和盛大的篝火晚会。“有人告诉我，春天明天就会到来。”演讲者面对着挤在俱乐部旁边微弱的火堆前，淋着大雨的听众这样说道，努力提振士气，“但与此同时，让我们享受大自然的美丽，让温暖从内心生发。”

我们别无选择，只能这样做。小屋外，小露台上的廉价塑料椅子已经装好，可以使用了，但暖意却迟迟没有到来。不过至少每天傍晚之后的光线都明显在变亮，到 4 月底，晚上 9 点之后仍然有余晖。渐长的白昼最重要的是在冬季和夏季之间建立了一座“视觉桥梁”，并给我们所有人带来了急需的血清素提升。突然之间，人们阴郁的冬季面纱似乎消失了，保守含蓄的瑞典人似乎都变得更快乐、更友好、更有希望。孩子们也因光亮陷入失眠。“怎么可能已经 8 点了？感觉只有 6 点！”每天晚上，当我试图开始做睡前准备时，马娅都会抱怨。通常在 7 点左右入睡，睡 12 小时的诺拉，会跳出卧室两次、三次甚至四次，告诉我她睡不着。遮光窗帘绝对不能欺骗她的大脑，让她睡觉。两次按摩和三个睡前故事之后，她仍然醒着。和她一起躺在床上 45 分钟，哄她仙女随时都会来撒上神奇的“睡尘”，这也无济于事。最后，我决定认输，在 9 点之前甚至不尝试让她们上床睡觉。

春天也标志着园艺季节的开始，对于我妈妈来说，这与圣诞节一样重要，因为她在一个小公寓大小的温室里种菜。一天，我和女孩们开车去了她家，这是一座 19 世纪的房子，距离小木屋大约 20 分钟的车程。

她和她的现任丈夫住在那里，几乎与世隔绝。当我们把车停在车库前时，她出来迎接我们。车库的屋顶上，是一排排整齐的木柴。她穿着她那脏兮兮的园艺裤和一件芥末色的纽扣衬衫，她那染过的红棕色卷发被随意绾了个结。她的手也很脏。这天早晨阳光明媚，她在后院的高高的种植床上种土豆，花园里到处都是水。有些人通过穿越山脉的史诗般的徒步旅行或穿越荒野的越野滑雪与大自然建立联系。与此同时，我妈妈在她的温室里种满了番茄苗和柠檬树，找到了内心的平静。

“进来吧，我有东西要给你看！”

上次她这么说的时候，她和丈夫在后院建了一个现代化的地窖来储存食物。这次我真的不知道该期待什么。我们跟着她来到一楼的浴室，她打开了门。“我们叫它托瓦。”妈妈深情地指着地板上的东西说。这并不是马娅和诺拉所希望的刚出生不久的毛茸茸的小猫。不管它是什么，看起来都像一个巨大的绿色喷壶，顶部有一个心形开口，一侧垂下一个长长的塑料把手。

“我们用托瓦收集尿液来给花园施肥。”妈妈自豪地展示她最近在网上购买的东西，“你知道尿液被称为园艺界的‘液体黄金’吗？把这么好的资源冲下厕所真是疯了！”

然后她开始指导我们如何为花园制作“魔法药剂”。“从现在起，你只需要上大号的时候去厕所，小号就用托瓦。记得把卫生纸扔进垃圾桶。用过几次托瓦后，我用水稀释尿液，然后把它洒在植物上。”

诺拉和马娅对这个定制的小便壶比我想象的要兴奋得多，她们相互竞争。妹妹这次脱颖而出。她迅速脱下裤子，高兴地笑了起来，一股淡黄色的尿液流进绿色塑料壶中。而我的热情就没那么高涨了。“如果可以的话，我想我还是去厕所吧。”我说。妈妈看起来既失望又惊讶。

“为什么？这是最符合可持续发展和生态健康的处理尿液的方法。我的蔬菜会长得像杂草一样茁壮。这是一种双赢。”

她当然是对的。用人类尿液给农产品施肥是巧妙的，因为它既无菌（正常情况下）又富含营养，更不用说还免费，而且无限量供应。斯堪的纳维亚半岛已经启动了几个试点项目，看看尿液是否可以更大规模地用作农业肥料。保证供应可能是最大的挑战，因为很少有瑞典人愿意像我妈妈那样建立自己的无化学肥料生产线。面对最新的园艺实操技巧，我妈妈总是目光敏锐，这次，她一如既往地走在潮流的前面。

尽管我妈妈在 20 世纪 60 年代长大，但她从来不像嬉皮士。与我不同的是，她从未参加过示威游行，也从未抗议挪威人狩猎海豹。但在这一点上，我意识到我妈妈可能是我认识的最激进的环保活动家。她自愿放弃连我都不愿放弃的便利，日积跬步，为拯救地球尽自己的一份力量。她像一位先锋女性一样在后院种植和掩埋食物，而我仍然像一个无知的盲从者一样每周去杂货店。当我站在那里，看着我的女儿们光着脚在外婆的院子里跑来跑去，热情地用一个名叫托瓦的绿色喷壶给外婆的植物淋浴时，我心想，也许这是她们所能期待的最好的环境教育。

There's No Such Thing As Bad Weather

北欧育儿秘诀 第4条

培养具有环保意识的孩子的最好方法是成为具有环保意识的父母。遵循3R原则，即减少（Reduce）、再利用（Reuse）、回收（Recycle），并让你的孩子参与这个过程。跟孩子讨论个人选择如何影响环境，并和他们一起寻找能有所作为的机会。例如，在附近的公园志愿参加清洁日，使用公共交通工具或骑自行车，而不是开车，以及购买有机食品和当地种植的食物。

建议阅读：戴维·索贝尔：《超越生态恐惧症》，Orion Society出版社1999年出版。

第 5 章

泥泞越多，欢笑越多

脏一点没关系

增强免疫力和适应能力

* * *

There's
No Such Thing
As
Bad Weather

下雨为什么要进屋？那可是泥浆最好塑型的时候。

——瑞典户外协会

到了春天，记录马娅的社交日常几乎变成了我的一份兼职工作。她在 3 个月里约的玩伴比我们来这里之前她遇到的都多，而且她自己用我的手机安排这些见面。令我惊讶的是，小木屋很快就成了马娅班上孩子们的热门聚会地点。我原本以为我们没有太多可以提供的娱乐资源，只有一间小小的老房子，几本女孩们从美国带来的涂色书、一盒蜡笔以及一堆将行李箱塞得满满当当的毛绒玩偶。尽管如此，还是不断有孩子们来玩。除非是倾盆大雨，否则在大多数日子里，她们到家后没几分钟就出门了，尽管她们已经在学校和“课外活动”中去户外玩了好几小时了。如果她们不是在和邻居家的狗玩耍或抚摸小屋后面吃草的马，那就是在爬树或在附近的树林里玩耍。

有一次，我家外面有多达 6 个孩子在跑来跑去。在那里，性别和年龄的障碍似乎都被打破了。男孩和女孩们经常一起玩，而诺拉虽然比他们大多数人小 4 岁，也能玩在一起。有时他们玩一些有规则的游戏，比如追逐游戏和足球，其他时候则是单纯的打闹。还有些时候，他们会收集东西，比如蛞蝓、苍蝇或其他虫子，并为它们建造栖息地。有一次，几个女孩甚至在学校成立了一个昆虫俱乐部，每次课间休息都在“拯救”受伤的虫子，并以著名足球运动员的名字为它们命名，比如梅西、罗纳尔多和内马尔，然后协商“监护权”，把它们带回家。孩子们经常沉浸在想象性的游戏中，一会儿假装自己是在开演唱会的歌手，一会儿又假装是骑马的骑手，把马带进树林里。理论上，按照他们的年龄，早已过了想象力游戏的巅峰期，但我完全看不到任何这样的迹象。

"我们假装米尔顿是一个偷了我们马的小偷，现在他要毒死它们。"有一天，当我问她从学校带回家的同学去了哪里时，马娅解释道。因为我已经有一段时间没见到他了。后来我才知道，米尔顿已被无限期禁止爬树，他的"罪行"是盗窃马匹未遂和投毒。又比如，有一天在从学校回家的路上，车里出奇地安静，我随口试着和她们聊点什么时，马娅说："嘘，妈妈！我们现在不能说话。我们是坐在拖车里的马，正在去比赛的路上。"

在印第安纳州的时候，每天下午女孩们回家后，都是我在安排她们的户外活动。我试图用粉笔画画、溪流探险和公园野餐来吸引她们。可有些日子，不管我怎么努力，她们依然提不起兴趣。这也可能是不可避免的育儿定律的结果：我越想让她们出去玩，她们就越不情愿。我记不清有多少次向马娅和诺拉提议在我们家后面的树林里建一个堡垒，但她们总是拒绝我的建议。而在瑞典，她们会主动来找我帮忙建堡垒，并且经常在傍晚时分花时间在那里玩。这是第一次，她们会自发地在外面玩上好几小时，甚至在晚饭后还想再出去玩，说不的人反倒变成了我。

有一些改变发生了，我想我知道是什么。多年来，我一直是她们够好的玩伴，但她们真正需要的是其他孩子来激发她们对户外的兴趣。在瑞典，我们发现了一种丰富的户外游戏文化。家长们虽未言明，但都默契地维系着这一文化。

一天，我去内莉的家接马娅时，内莉的妈妈特蕾瑟带着歉意说："我让她们玩了半小时左右的《我的世界》（*Minecraft*）[①]。"她立刻又补充说，

① 微软开发的沙盒电子游戏。——编者注

“但她们也在外面跳了一小时蹦床。”

诺拉在幼儿园也交了很多新朋友，但安排与玩伴相约的时间稍微费点劲，部分原因是我不认识她学校里的其他家长。最后，我拿起电话，打给了诺拉最亲近的朋友柯丝廷的妈妈玛丽。她说当然可以让女孩们一起玩。尽管我们生活在一个人们普遍相互信任的小社区里，但突然联系陌生人，然后把孩子留在那里玩几小时，感觉有点像相亲。对方是什么样的父母？他们的喜好是什么？他们会怎么看待我的孩子？你根本不知道按响门铃时会遇到什么样的人。

这一回，开门的是柯丝廷的爸爸戴维，一个友善的前职业铅球运动员，现在是一名 IT 经理。戴维身上的文身几乎到脖子，他会说 6 种语言，而且我很快就发现他是个出色的故事讲述者。当柯丝廷和诺拉跑去玩的时候，戴维邀请我和玛丽一起享用瑞典茶歇。他一边安慰怀里两岁的女儿拉克尔，一边煮咖啡，跟我讲他在瑞典北部和沙特阿拉伯的成长经历。他的父亲当时在一家跨国公司工作，随后他在路易斯安那州当了一名穷困的交换生。他放弃运动生涯后体重大增，5 位医生都告诉他余生都得服用他汀类药物。然后，他讲述了自己是如何通过纯素饮食和疯狂地锻炼，减掉了 36 公斤，最终证明了医生们的判断是错的。

“我是一个解决问题的人。我就是不喜欢事情太容易上手。”戴维说。

戴维和玛丽的家很独特，这里曾经是社区的教会建筑，拥有开放式布局和将近 6 米高的天花板。他们的家曾被一家室内装饰杂志介绍过，装修堪称惊艳。当我坐在他们用人块再生木板做成的餐桌旁，用一个没有把手的杯子喝茶时，我不禁觉得我们有点格格不入。他们显然比我时髦得多，百分之百更像文艺青年。

然后，我们聊起了另一个话题，便是我们都热爱的户外活动。戴维告诉我，几年前，他和玛丽从瑞典第二大城市哥德堡搬到这里，追随一种“绿色浪潮”的梦想，离开城市，回归土地，或者更确切地说，回归森林。当戴维不忙于管理100多名程序员时，他最喜欢的消遣是和女儿们一起探索大自然，寻找青蛙、钓鱼、采摘浆果和蘑菇，以及进行“地理藏宝”——这是一种凭借有GPS的智能手机进行的现代户外寻宝游戏。有一次，他报名参加了一个野外生存课程，以便为与他的狗一起独自露营做准备，结果当天晚上不得不与陌生人依偎在一起取暖。

“拉克尔还小的时候，我会把她背在背带上，一只手推着婴儿车里的柯丝廷，另一只手牵着狗。”戴维说，“只要想出门总有办法。”

几小时后，当我回来接诺拉时，戴维正在做饭，玛丽带着拉克尔正在宽敞的后院门廊上享受阳光。诺拉和柯丝廷正在沙箱里挖洞。她俩几乎整个下午都在做这件事，玩得太投入了，以至于诺拉甚至没有注意到我的到来。她的牛仔裤上沾满了污垢，她把手深深地埋在泥里，认真地揉捏着泥土。她不时将手从坑里拔出来检查一下。终于看到我时，她兴奋地说：“妈妈，看！我的手变成棕色的了！”

玛丽作为学校的辅导员，平静地看着柯丝廷和诺拉把泥巴涂在胳膊和脸上，像是战士在涂抹战斗油彩一样。“脏兮兮的孩子是快乐的孩子。”她说，“所有的游戏都是基于创造力的，我认为她们正在创造。这是探索过程的一部分，而这个过程对孩子来说非常重要。”

不过，在诺拉上我的旅行车之前，这个创造性的过程必须结束了。玛丽在后院门廊上准备了一桶肥皂水和一些湿巾，让女孩们洗干净自己。她们脱掉衣服，开始一边清洗，一边继续疯玩和大笑。

戴维、玛丽和我则在后院门廊旁边的厨房里聊天，柯丝廷光着身子跑到露台门前，告诉我们她要上厕所。

“直接在草地上解决吧，宝贝。”戴维说。

当玛丽拿出毛巾给女孩们擦干并帮她们穿衣服时，我注意到她并没有因为女孩们把全身上下几乎每一寸地方，包括鼻孔里都弄得脏兮兮的而责备她们。我对此并不感到惊讶。在北欧，混乱、狂野的玩耍被视为童年最自然甚至珍贵的一部分。而在我成长的过程中，泥泞的双手、堆积如山的脏衣服和湿漉漉的靴子几乎被视为一种荣耀的象征，代表着这一天充满了冒险、新的体验，以及大量的试验与错误。但作为成年人，我对待混乱的态度便有些复杂。我不会把自己称为一个极度爱整洁的人，但我喜欢家里井然有序，厨房的柜台上没有杂物、孩子玩的亮片和手工盐面团的痕迹。不过，在户外则是另一回事。我完全不介意我的孩子在水深及膝的溪流里玩，和脏兮兮的农场动物一起嬉戏，或者光脚走在泥泞的田地里。就我而言，她们可以整天在泥水坑里摔跤。我甚至觉得大自然本身似乎能安抚我那“完美主义”的倾向。或者，也许是因为我知道孩子们回家时会把沾满泥的衣服留在车库里，这样混乱就能得到控制和管理。无论如何，我真心觉得，让孩子们去户外玩耍却不让他们弄脏自己，就像给他们一只 8 周大的小猫却不让他们抚摸它一样——这简直不合理。

玛丽显然是一个和我志同道合的人，在瑞典，我们一点也不特别。

约翰娜是两个学龄前女孩的母亲，她说：“孩子们在外面玩耍时当然可以尽情弄脏自己。”她的丈夫马库斯对此表示赞同，并幽默地补充道：“有一种神奇的发明叫作洗衣机。我们有一台，而且运行频繁。”

“我觉得跳水坑是童年的一部分。”另一位母亲告诉我，“这也是一种评估风险的能力——‘我使多大劲儿才不会弄湿自己？’”

这种接受孩子们有些狂野、时常会弄脏自己的态度，可能源于浪漫主义运动兴起的时代。当时，像卢梭这样的思想家和哲学家赞美自然，批判文明。卢梭的观点相当激进，他认为最纯洁的人只可能出现在原始社会而不是文明社会。人类越远离所谓的“自然状态”，道德上就越会不可避免地被腐蚀，进而堕落。儿童被视为和自然最亲密的人，因为他们尚未被文明破坏和摧毁。按照卢梭的逻辑，尽可能长时间地令孩子们处于这种自然状态，是理想的教育方式。

这种“孩子是自然的”的观念在20世纪再次流行起来，最终在斯堪的纳维亚地区，自然成了美好童年的象征。儿童读物，尤其深受喜爱的瑞典作家阿斯特丽德·林格伦（Astrid Lindgren）[①] 所写的书进一步强化了这样一种观念：狂野、自由、混乱的户外游戏是童年最美好的体验。林格伦的故事集《吵闹村的孩子》就是根据她20世纪初在瑞典南部的童年故事改编的：7个活泼的孩子在小溪里划船，自发地骑着温顺的公牛，在牧场上和他们的玩偶一起喝茶，围着篝火跳舞，跳进他们能找到的最大的泥坑，在沟渠里涉水，直到他们的靴子装满水。

林格伦书中的理想在今天的瑞典依然盛行，这在一定程度上要归功于瑞典户外协会。该协会认为，所有在森林学校就读的孩子都有权“弄脏自己，保持活跃，并从大自然中获得灵感”。虽然是森林学校率先为混乱的游戏开辟了道路，但这些想法现在也被更传统的日托中心和学校所接受。瑞典资深幼儿教师兼作家安·格兰伯格（Ann Granberg）很好地总结了这一点。她写道：“过多的秩序和清洁会阻碍游戏。必须允许

① 她最著名的作品是《长袜子皮皮》。——译者注

孩子们将自己弄得满身泥泞，穿着衣服下水，制造混乱，吵吵闹闹。他们应该是自主的、从心所欲的，会做一些没有经过深思熟虑的事情。”

有趣的是，斯堪的纳维亚地区对“脏乱”的态度差异也可以从语言上追溯。屎（shit）被广泛认为是美国最粗鲁的脏话之一，瑞典语中的对应词是 skit。但是在瑞典，“污垢”和“粪便”都是 skit，所以 skit 根本不被认为是脏话。无论是孩子还是成年人，都会把它当作感叹词。有点像英语中的“哎哟”（oops）。唯一的问题是，由于大多数瑞典人都会说流利的英语，而且比大多数美国人更喜欢美国流行文化，因此儿童和成年人表示感叹时都倾向于使用英语单词 shit。

“它就只是代表‘脏’！这不是脏话！”每次我在印第安纳州的超市收银台前因为妈妈大声说出这个词而责备她时，她都会抗议，尽管我已经无数次向她解释在美国这是脏话，并希望她使用这个词时能谨慎一些。

在我们待在瑞典期间，马娅和诺拉则经历了一种“反向文化冲突”。“有一个男孩今天说了 3 次 s 字脏话！”第一天放学后，马娅沮丧地告诉我，“我告诉了老师，她也斥责了他，但后来我听到他又说了一遍。”第二天，又有另外一个人说。第三天，我告诉马娅，她的同学可能只是不明白 s 打头的词在英语中是一个非常糟糕的词，并建议她向他们解释。她这么做了，但没能说服他们。在再次向老师投诉后，这个词的使用问题被提交到了学校的“大议会”。这是每月一次的会议，所有学生和老师都会在会上讨论政策和时事。在那里，老师们再次强调，即使是用英语，说脏话在学校也是不合适的。会后的几天里，情况似乎有所好转，但没过多久，一切又回到了原来的样子。马娅很快意识到，她在打一场注定徒劳的仗。这件事再次证明，有时跨语言文化的交流是很难的。

泥泞中的快乐：孩子眼中脏游戏的乐趣

来自北达科他州的阿尼娅·克拉斯涅夫斯卡（Ania Krasniewska）为她的女儿报名上丹麦的森林学校时，她并不完全知道会遇到什么。阿尼娅在哥本哈根生活了几年，她的美国外交官丈夫当时被派驻在那里。起初，她倾向于为女儿选择国际学校，这通常是外籍家庭的首选。但后来她决定看看家附近位于夏洛滕隆高档郊区的一些学校。她被告知，这是一所"非常传统的丹麦学校"，孩子们一天中大部分时间都在森林里度过，难免会弄得脏兮兮地回家。

她第一次看到学校时，差点就哭了，她竭力掩饰。"当我看到装满像是被丢弃的脏玩具的板条箱时，我想起了曾在世界各地做志愿者时见到的孤儿院。"她说，"我一直是一个不怎么干涉孩子的家长，但当我看到脏兮兮的学校时，我花了一段时间才区分开两种不同的脏——一种是孩子们在外面玩耍时弄脏的，另一种是由于无人照料导致的脏。"

阿尼娅的经历并非特例。对于外人来说，北欧人对脏兮兮的游戏的喜爱可能令人困惑。瑞典马尔默大学的人类生态学研究者艾巴·利兹伯格·詹森（Ebba Lisberg Jensen）的研究重点是人类和自然之间的关系。当她带着一位越南朋友去参加瑞典南部一个中产阶级家庭的晚宴时，就亲身经历了类似的文化冲突。就像瑞典晚宴上的典型情况一样，孩子们穿着有点破旧的夏装，光着脚，头发凌乱，满身泥土地在外面跑来跑去。父母认为一切都很美好，因为这与他们关于完美童年经历的浪漫想法非常吻合。但是这位越南客人很困惑。

"她悄悄地对着我的耳边说道，'为什么孩子们看起来这样？为什么他们脏兮兮的，还光着脚？这些人为什么不照顾他们的孩子？'"詹森说，"那时我才意识到，或许只有不影响人的社会评价时，人才可以允许孩子脏兮兮的，然后还光着脚、穿着破衣服。”

这个故事对我来说并不陌生。当我们受邀参加我的朋友玛琳家的一场晚宴时，就遇见了相似的场景。当时，还有几家人一同出席晚宴。厨房和餐厅旁的露台门大敞着，大约 10 个孩子自由进出。外面下着毛毛雨，但孩子们一点也不在乎。一个刚满 4 岁的女孩，光着脚，穿着一件粉红色的花裙子，在沙坑里驾驶着一辆反铲挖掘机。她看起来更适合参加茶话会，而不是和附近的孩子们一起在沙地里玩。她的妈妈艾米莉亚耸了耸肩说：“没什么大不了的，我可以洗掉这些污渍。你得让他们做孩子，知道吗？让他们玩耍，即使穿着漂亮的衣服。”

在木制大露台上，3 岁的埃纳正发着小脾气，因为他不想穿妈妈给他带来的雨靴和防水裤，那是为了应对坏天气准备的。最后，她决定放手不管，毕竟只不过是有些雨罢了。埃纳兴高采烈地加入了另一个男孩的活动，这个男孩光着脚，开着玩具拖拉机在露台上四处行驶。过了一会儿，玛琳的大女儿艾琳跑了过来，膝盖流着血，袜子也破了。

玛琳叹了口气说：“没让她穿上防水裤是我的错”，然后不客气地在女儿的伤口上贴了创可贴。

我自己的孩子们坐在秋千旁，在细雨中唱歌、旋转。没有人让孩子们进屋、清理干净、安静下来，或者停止在泥里玩耍。相反，晚饭后，他们又被送回外面，孩子们非常乐意接受这样的安排。如果不是因为下雨，以及玛琳家的露台没有遮盖物，晚饭本来也会在户外吃，因为大多数瑞典人都有一个不成文的目标：在温暖的季节里尽可能多地在户外用餐。不过这次，我们只能妥协，在餐厅里吃饭。

“也许在吃甜点之前雨会停。”玛琳乐观地说，期待着天空中会露出一点蓝色。

这是一个典型的瑞典晚宴。

我们对泥土的反应在很大程度上取决于我们的成长环境、社会阶层、文化背景和个人经历。在不同时期，人们对卫生的态度也有所变化。18 世纪以前，西方世界的父母和医生都不太关心个人卫生。事实上，许多人认为泥土可以保护儿童免受疾病的侵害。例如，在法国，给孩子洗头甚至被认为会损害他的智力，保留一层污垢则被认为可以防止他受伤。几百年前，在瑞典，人们的常规做法是每年只洗一次澡，通常是在圣诞节前后。转折点出现在 19 世纪中期，当时恶劣的卫生条件造成了霍乱的灾难性传播。在这之前，清洁一直被认为是上层阶级才有的特权。现在它成了一个公共卫生问题。但是，又过了 100 多年，直到第二次世界大战之后，室内管道系统才在瑞典家庭中得到普及。在 20 世纪 50 年代和 60 年代，清洁的重要性逐渐提升。对于工人阶级来说，即使孩子们不是每天洗澡，保持他们的整洁也与女性的荣誉紧密相连，甚至被视为摆脱贫困的一种方式。

卫生条件的改善成功地帮助瑞典和其他地方控制了传染病的传播；20 世纪 40 年代青霉素的普及，减少了因传染病导致的死亡率。然而不久之后，过敏和哮喘的发病率在大部分工业化国家开始上升，在过去 30 年里达到了流行病的水平。过敏和哮喘的发病率最高的国家是英语区的发达国家：澳大利亚、爱尔兰、新西兰、英国和美国。如今，在美国，大约每 10 个孩子中就有 1 个患有哮喘，这种疾病每年导致 3 000 人死亡，多达 40% 的儿童患有过敏。过敏性疾病是美国 18 岁以下儿童中第三大常见的慢性疾病。同时，哮喘和过敏在许多发展中国家仍然是非常罕见的疾病。

这些变化发生得太快了，肯定不是由基因变异引起的。罪魁祸首可能是各种环境因素。许多研究人员认为，在过去的 50 年里，家庭规模的缩小、抗生素使用的增加、与动物接触的减少、室内时间的增加以及对清洁的过度执着，都导致我们的免疫系统变得松懈。

我们的生活可能比以往任何时候都干净，但如果你问大多数免疫学家，他们会说我们有点太“干净”了，同时我们对细菌的恐惧仍在不断加剧。企业利用这种恐惧创造性地从中获利，成功地将漂白剂类玩具消毒剂、购物车套以及手机用的紫外线消毒器等产品推销为现代社会中父母的必需品。他们不忘提醒你，孩子刚刚舔过的手机上的细菌数量是公共厕所的 18 倍。如今，市场上还有封闭式的“无尘”室内沙盒，孩子们通过沙盒的小孔，戴上橡胶手套来玩沙。这种产品的宣传语是：“拥有像正常户外沙盒一样的乐趣，但没有泥沙和脏衣服的麻烦！”这种宣传的目的是让父母完全不用担心，因为“虫子、泥土和水不再是问题”。一些博主甚至已经不再使用空的卫生纸筒——这种材料曾是最受欢迎的可回收手工材料之一，仅仅因为他们的粉丝觉得卫生纸筒曾经离马桶太近，感到恶心。

仿佛父母们还不够焦虑似的，诸如“玩耍的危险：充满细菌的游乐场”和“研究显示，儿童游乐场比厕所更脏”这样的新闻标题进一步加剧了他们的恐惧。无论在公园的游乐设备上发现的病毒和细菌是否真的很危险（大多数都不危险），或者是否能通过定期洗手来保护在那里玩耍的孩子们免受疾病侵袭（答案是可以的），只要得知一个婴儿秋千或跷跷板上的细菌数量可能是家里的马桶座圈上的 52 000 倍，家长就会受到心理冲击，行动也受到影响。正如老话所说，感知即现实。而这种感知是，所有的细菌都是有害的，应该不惜一切代价消灭细菌，最好是用一桶漂白剂，至少也要大量使用洗手液。

事实上，现代过度清洁的生活方式已经消灭了许多对我们健康有益的肠道微生物。在胎儿期和婴幼儿期接触某些微生物，实际上可以增强我们的免疫力，保护我们日后免受疾病的侵袭。当免疫系统没有受到足够的挑战时，它可能会开始“找事做”，比如对一些实际上并不危险的东西产生过度反应，如花粉和花生。这被认为是过敏、哮喘、湿疹、儿童糖尿病和炎症等疾病的病因。

在学术术语中，这被称为卫生假说①。自1989年以来这种说法就一直存在。许多研究都支持这一假说，最著名的是对柏林墙倒塌前后西德和东德儿童的比较研究。研究人员惊讶地发现，生活在更贫穷、更脏乱和发展程度较低的东德的儿童比生活在富裕、干净的西德的儿童更不容易患哮喘和过敏。后来的研究发现，阿米什②儿童的哮喘和过敏的发病率显著偏低。原因是什么？很可能是欧洲科学家所说的“农场效应”。每天吸入牛和其他农场动物粪便中的微生物对免疫系统有益，这可以解释为什么在一项研究中只有7.2%的阿米什儿童有过敏风险，而普通人群中这一比例高达50%。更何况阿米什人的孩子们还有更多的兄弟姐妹，细菌更容易传播，这意味着他们建立了更强的免疫系统。而且我们越早接触这些微生物，就越能得到更好的保护。

一些研究表明，低致病性或非致病性分枝杆菌可以帮助调节免疫系统，防止过敏性超敏反应。母牛分枝杆菌似乎能够触发我们体内的血清素生成，让我们更快乐、更放松。这种分枝杆菌存在于土壤和水中，当我们接触泥土时，就会自然吸入或摄入它。由于西方城市地区严格的卫生和水处理措施，我们接触这种分枝杆菌的机会大大减少了，但通过经

---

① 卫生假说指的是儿童生活在过于干净和卫生的环境中会因为没有机会接触自然界的微生物，影响免疫系统发育。——译者注

② 阿米什人是一个民族宗教团体，以拒绝汽车及电力等现代设施，过着简朴的生活而闻名。——编者注

常在外面玩耍或帮忙打理后院花园，孩子们仍然可以接触到这种分枝杆菌。

最近对小鼠的一项研究也表明，这种分枝杆菌还可以提升认知功能，比如学习能力。美国圣贤学院（特洛伊）的研究人员多萝西·马修斯（Dorothy Matthews）和苏珊·詹克斯（Susan Jenks）将这种细菌喂给实验组的小鼠。它们在复杂的迷宫中穿行的速度是对照组的两倍，同时压力水平只有对照组的一半。在小鼠停止食用该分枝杆菌后，上述作用在大约三周内逐渐减弱，直至消失。研究人员推测，这种分枝杆菌不仅能帮助老鼠减轻焦虑，还能让它们更好地集中注意力。

研究结果发表后，马修斯说："园丁翻土时会吸入这些细菌，而且他们吃蔬菜时，或者皮肤伤口接触到泥土时，分枝杆菌也会进入人体。根据研究，我们可以说，在户外活动肯定很好，也就是说与这些生物接触很好。有趣的是，我们可以推测，在学校里创造包含户外时间的学习环境，并让学生接触到分枝杆菌，可能会减少焦虑并提高学习新事物的能力。"

综合性儿科神经学家马娅·谢特里特－克莱因（Maya Shetreat-Klein）在她的《泥土疗法》（*The Dirt Cure*）中写道："事实证明，世界上那些混乱和肮脏的东西，那些我们认为需要控制甚至消除才能保障人类生存的东西，实际上正是强健身体所必需的。细菌、病毒、寄生虫和真菌在使肠道和免疫系统发育并维持其健康方面发挥着关键作用。在外面玩耍、挖虫子、种菜、接触大量的泥土和家畜，不仅有好处，还很必要。"

美国的学校包括幼儿园大量使用含氯消毒湿巾，许多妈妈把随身携带小瓶洗手液视为养育婴幼儿的规则，而瑞典的父母对细菌则持有稍微放松的态度。洗手液大多出现在医院，漂白剂很少在家庭或学校里使用。事实上，它很少被使用，因为它被认为对环境有毒，以至于几家大型连锁超市已经停止销售漂白剂。

“我曾经用漂白剂疏通过浴缸的排水管。”我高中时的朋友琳达说道，她有一个 9 岁的儿子，“这足以说明它的效力有多强。事后我感到非常内疚。”另一位朋友说她从来没有在家里用过它，虽然她的丈夫据说在20世纪90年代初曾用它漂白过牛仔裤。“你为什么要用漂白剂呢？”她问我，“这是有害的。如果孩子们的玩具脏了，我就用肥皂洗，或将它们扔进洗衣机。但老实说，我很少清洗他们的玩具。”

在瑞典，婴儿和儿童每晚洗澡也不是常态。在孩子开始上学之前，一直为瑞典父母提供建议的助产士的官方建议是，每周只给幼儿进行一次全身沐浴。“对于父母来说，洗澡往往是与孩子共度的特别时光，所以有些人想每晚都洗。但一周给孩子洗几次澡，可能会导致皮肤干燥。”布罗斯的助产士洛塔·博林说，“有些父母还喜欢用很多洗发水和肥皂，但这其实没必要，因为婴儿不像我们那样容易被弄脏。我们反而建议在水里放一点油。总体来说，我认为我们过于追求干净了。”

年纪稍大的孩子则根据需要洗澡或淋浴，夏天如果在外面玩得很脏，可能每天晚上都洗，而如果不是很脏的话，一周洗 2 ～ 3 次。而在美国，清洁习惯是如此根深蒂固，以至于新生儿在出生后的几小时内，甚至还没有机会抓住母亲的乳房，就让医院的护士洗了澡。而且研究表明，包裹新生儿身体的胎脂实际上就像保湿霜和天然清洁剂，有助于抵御感染。

当然，没有人建议我们回到一年洗一次澡、喝脏水、死于可治疗的小病的时代。在当今世界，接种疫苗、使用抗生素，以及维护环境卫生和个人卫生是遏制传染病暴发的关键，并挽救了许多生命。不幸的是，有益的微生物成了这一进步的意外牺牲品。如何在如今大多数人的后院没有农场动物的情况下将它们重新引入生活，是令科学家们困扰的问题。我们与寄生虫、细菌和病毒的关系很复杂，研究人员不一定知道什么类型的污垢可以避免让我们患上哮喘和过敏。但是，如果像许多科学家认为的那样，远离大自然是导致这种流行病出现的主要原因，那么保护儿童健康和增强免疫系统的一个简单方法就是让他们尽可能多地在户外玩耍，并且不必因为他们尝了一口泥土或舔了一条蚯蚓而惊慌失措。尽管这种行为可能让人觉得恶心，尽管对孩子来说，石头和其他小物体可能有窒息的风险，但他们因这些东西生病的风险极低。

“一直以来我都会注意烟头和窒息危险物。”一位妈妈告诉我，“但嚼树枝和松果从来不会害死谁，孩子们自古以来一直这么做。通过这种方式，他们认识了周围的世界。他们通常很快就会发现树枝的味道并不好。”

暴露在微生物环境中并不是孩子们在大自然中玩“脏兮兮”的游戏的唯一益处。置身自然还能带来终极的感官体验。赤脚走在树干上，把手伸进一堆泥里，听着鸟儿歌唱，感觉雨点落在额头上，这些都刺激着孩子们的感官。这一点很重要，因为良好的感官整合——我们通过感官获取并组织信息的能力，意味着我们的身体和大脑在最佳状态下运作。

根据儿童发展专家安吉拉·汉斯科姆的说法，最近儿童感官敏感性问题的增加至少在某些方面可以归咎于孩子们缺乏直接接触大自然的机会。对于她多年来见过的许多孩子来说，赤脚行走或玩泥巴并不是他们自然而然会做的事情。“很多孩子对弄脏自己充满了焦虑和恐惧，因为他们没有过这种练习和接触自然的机会。”她说，“泥巴提供了触觉输入。额外的好处是，当你挖土或搬运沉重的桶时，你的关节和肌肉会获得本体感觉输入。对那些接触泥土时感到不舒服的孩子来说，本体感觉输入会压过他们不舒适的浅感受。通过练习和重复，他们会逐渐接受被弄脏的感觉。”

在临床环境中，治疗师经常使用感官箱和感官瓶来刺激儿童的感官，但汉斯科姆认为，有些感官体验无法在室内模拟。她说，任何户外游戏都是有益的，因为它帮助孩子们保持活跃，但自然环境有一个巨大的优势。“野外会更具治疗效果。首先，这里没有噪声污染。在大自然中，你可以听到鸟儿的歌声，并了解自己在空间中的位置。而且，即使你处于警觉状态，自然环境也会让你更加平静。平静但警觉实际上是感官整合发生的最佳状态。”

有时，正是大人自己的恐惧使孩子们无法在大自然中获得感官体验。汉斯科姆说，带孩子们去自然营地上课的幼儿园老师经常命令孩子们穿上靴子，因为担心他们会踩到什么东西而受伤。而那些让孩子在公共场合脱鞋的家长，也可能面临他人的指责。在美国，童年时经常会干的事情，比如光脚走路，现在变得具有争议性。

李是我博客的一位粉丝，住在新罕布什尔州。“我们是一个习惯光着脚的家庭，经常收到很多负面评价。”她说，“人们总是对此发表意见，尤其是当我儿子蹒跚学步，而我没有给他穿鞋的时候。这显然让我成了一个不称职的母亲。”如今她的儿子已经 15 岁了，仍然会因为光脚行走而遭到批评。李说：“去年夏天，一个陌生人告诉他，光脚走路会让寄生虫钻进他的脚里。”

苏是我在印第安纳州的一位朋友，她 3 岁的儿子在保姆家的草地上赤脚玩耍时被蜜蜂蜇了。在她带着孩子治疗后，一名护士训斥了她。护士告诫她：“在外面时，一定要让他一直穿着鞋，不要让他走过三叶草地。”换句话说，这个夏天剩下的日子就在车道上玩耍吧。

许多美国人从小就被灌输了严格的卫生标准，想要打破这种固有思维并不容易。当住在哥本哈根的美国妈妈阿尼娅让女儿进入丹麦一所森林学校时，她不仅要面对一些美国朋友和熟人的偏见，也不得不面对自己内心的一些偏见。

"如果你两年前问我选择学校的标准，干净整洁的校园环境是我最看重的标准之一。"她说，"对我来说，清洁程度能够代表学校和老师对学生的照顾程度，以及他们有没有教导孩子关心自己和周围的环境。"

但是，令她自己非常惊讶的是，女儿的经历完全改变了她的观点。尽管她的车现在常常被泥土和沙子弄得脏兮兮的，家里的走廊上散落着小树枝和皱巴巴的树叶，洗衣机也在不停地运转，但阿尼娅还是欣然接受了一切，并成了森林教育和"脏兮兮"户外游戏的积极倡导者。

"我意识到，在森林学校那种脏，并不是那种让我真正介意的脏。"她说，"这是你在探索、学习和挑战自己时赢来的'勋章'。这与由于忽视、冷漠或不关心而表现出来的脏不同。这是一种我愿意鼓励的'行为'。作为一个成年人，你必须有判断能力，知道你在孩子身上看到的是哪一种脏，最终孩子也会学会区分它们。"

户外生活小贴士

There's No Such Thing As Bad Weather

关于脏的真相

在一个只有被氯消毒才算真的干净，并且洗手液被誉为"自切片面包以来最伟大的发明"的社会中，研究人员现在认为，让孩子身处的环境保持无菌可能并不是一件好事。下列做法可以帮助你将一些有益的微生物带回孩子的生活中：

- **让孩子尽可能多地在户外玩耍并弄脏自己。**我们环境中的大多数细菌都是完全无害的，有些甚至对我们的健康有益。
- **不要孩子一感冒就让医生开抗生素。**感冒很可能是感染病毒引起的，抗生素并不能起到任何作用。过度使用抗生素会导致耐药性细菌的产生，这是一个主要的公共健康威胁，因为它使预防和治疗各种感染变得更加困难。
- **让孩子早早接触狗和农场动物。**尽管听起来有点恶心，但在有动物粪便的环境中，孩子接触到其中的微生物能预防过敏。
- **洗手可以避免感染，但请别用抗菌洗手液和酒精洗手液。**它们并没有完成任何普通肥皂和水无法解决的事，而且大多数抗菌产品含有三氯生（一种有害的激素干扰物）。三氯生被认为会导致耐药性细菌的产生。
- **停止使用含氯清洁剂进行家居清洁。**没必要用“核”级别的清洁剂来清洁，老式的肥皂和水就能做到同样的工作，且不会破坏环境或杀死有益细菌。相反，一项关于西班牙、芬兰和荷兰儿童的研究表明，儿童暴露于家庭漂白剂环境中，实际上可能增加他们感染流感和扁桃体炎等疾病的风险。
- **通过给孩子吃天然益生菌食品来保持他们的肠道健康，比如酸奶和发酵蔬菜。**我们的肠道菌群越多样化，就越能够支持免疫系统和消化系统等重要的身体功能的运转。

智慧着装：北欧父母如何为孩子选择合适的户外装备

除了对污垢有更放松的态度，北欧人还以坚持让孩子们“穿着适合天气的衣服”而闻名。这是“没有不好的天气，只有不合适的衣服”的逻辑理念的延伸，而我从小听过无数次这样的说法。事实上，正是这些衣服使得孩子们能够在斯堪的纳维亚的气候下全年无休地在户外玩耍。合适的户外装备在学校包括幼儿园里是强制要求携带的，孩子们通常也会把这些装备带到他们的玩伴家里，这表明即使天气寒冷或潮湿，他们也期待户外活动。当我要求诺拉的一个朋友的妈妈在特别阴沉的一天为她的孩子带上雨具来我家玩时，她毫不犹豫地回答："当然！"我们淋着雨，在院子里玩了 1 小时，当我把她湿漉漉且满身泥巴的孩子送回去时，她同样充满热情地回应："他们能出去玩一会儿，哪怕是在下雨天，也真的太好了！"

在这里的家长看来，没什么天气是糟糕到不可接受的，也没有泥坑是不能玩的，只要有一套好的工装、一双防水手套和一双带羊毛衬里的防水靴。这种认为只要有合适的装备，孩子们在各种天气下玩耍都是好事的观念，几乎是北欧国家所独有的，而且这不仅适用于孩子，还适用于成年人。如果你问一个斯堪的纳维亚人："为什么你会让孩子在下雨的时候出去玩？"她很可能会回答："为什么不呢？"

林雪平大学户外环境教育和户外生活硕士研究项目的研究主任伊娃·卡廷（Eva Kätting）说："瑞典的特殊之处在于，我们有一个长期的共识，即无论天气如何，孩子们都可以在户外活动，所以这不是老师需要与家长讨论的问题。"在其他国家和文化中，情况往往并非如此。"例如，当我和土耳其的老师一起工作时，他们告诉我，如果他们冒雨带孩子出去，家长们会非常愤怒。他们宁愿把孩子留在家里。"

在某种程度上，斯堪的纳维亚人的态度可能反映了一种信念，即能够应对不同类型的天气会让孩子们更有韧性。

"我喜欢风雨无阻的足球训练。"一位母亲告诉我。在一个典型的春日，她的儿子冒着倾盆大雨，在不到5℃的气温中，在泥泞的砾石场上踢完足球后回家。对此，她说："这让他更加强健。孩子也不在乎。我认为这场雨对成年人的困扰大于对孩子的困扰。"

人类生态学研究者艾巴·利兹伯格·詹森指出，孩子们在户外玩耍对健康有益、能增强体质的道德观念并不一直是让孩子出去玩的主要原因。在20世纪50年代和60年代，无论天气如何，母亲们都会把孩子送到外面玩耍，仅仅是因为想要孩子离开家。

"当时的母亲们在孩子四五岁后就不再看管他们了。他们被期望自己去外面玩，而坏天气并不是待在室内的借口。我认为父母这么做主要是出于方便。"詹森说。

家长和幼儿教育工作者通常会提出其他理由，支持让孩子们穿着适合天气的衣服，全年都进行户外活动。大自然在不同季节和天气下展现的模样各不相同，要想理解这些变化，必须亲身体验。此外，不同的天气激发不同的玩法。下雨意味着你可以建运河、骑三轮车穿越深水坑，而最棒的则是你可以玩泥巴。

汉娜是一位母亲，她说她并不热衷于在恶劣天气下外出，但她仍然认为让孩子们体验这一点很重要。"通常，我们会用一项活动令孩子出门。我会说：'我们出去跳水坑吧！'孩子们喜欢这样。即使我觉得下雨很糟糕，我也不想把这种情绪传递给我的孩子，因为坐在室内比在外面淋雨更有害。无论是在家里还是在幼儿园，我都不介意他们弄脏自己。当幼儿园的老师说他们每天都出去，风雨无阻时，我觉得这太棒了。"

另一位妈妈说，尽管她认为夏天出去更省事，但只要天暖和起来，就算刮风下雨，她也坚持每天带孩子出去。“在夏天，当你整天待在户外时，感觉就像是一场胜利。在冬天，孩子们并不总是喜欢出门，我也不喜欢，尤其是天气阴沉，到处都是泥泞的时候。但我提醒他们，在外面待了一段时间后，再回到家里是多么美好。”

在瑞典的森林学校里，你可以找到一些最热衷于全天候户外运动的人。我的朋友玛琳的 3 个孩子都在布罗斯郊外的森林学校上学，我在参观那里时遇到了户外运动的坚定支持者安娜·莫尔伯格。莫尔伯格认为她是那种不会让任何事情阻止自己走出家门的人。玛琳告诉我，有一天，孩子们想在森林里吃午饭。莫尔伯格一个人把所有的锅和盘子搬到了树林里一个合适的地方，然后她再返回来找一个 5 岁的女孩，这个女孩摔断了腿，拄着拐杖。由于女孩在树林里行走有困难，莫尔伯格干脆把她背起来，背到午餐地点。树林、石膏、拐杖等所有障碍都难不倒她。

在我参观学校那天，天气再好不过了。当阳光冲破云层，洒在桦树上时，4 个穿着厚重雨靴的金发男孩在蜿蜒着穿过该地的泥泞小溪中蹒跚而行。他们正在寻找小动物。“我有一只青蛙！”4 岁的本尼得意扬扬地喊道，“有人想拿着它吗？来吧，这并不危险！”

本尼 8 岁的哥哥维克多接受了他的邀请。不久，他们不仅用一块木头为青蛙建造了一个斜坡，而且还在装满水、岩石和草的桶里为它搭建了一个完整的栖息地。

“你最喜欢学校的什么？”我问本尼。“抓青蛙，抱着青蛙。”他回答道，说明了显而易见的事情。“有时候我们也会发现蝾螈。”他的哥哥插话道。

“这里的孩子们快乐、健康、强壮、充满活力。”莫尔伯格热情地说道，我们正一起观察孩子们研究青蛙。“我们从来没有向家长解释过孩子们为什么在外面。每个人都明白，新鲜的空气、宽阔的空间对他们有好处。孩子们不会总是挤在一起，因此冲突和感染更少。我们这里可能有几例胃肠型感冒，但不会出现其他地方那种流行病。这里的噪声很少。我们发现户外活动有很多优势。”

当然，在天气晴朗，气候宜人的时候这么说很容易，但我很好奇他们是如何应对寒冷潮湿的季节的。

“大家总是好奇我们在冬天是怎么做的，但我认为那是带孩子们出去玩的最好的季节。”莫尔伯格说，“最小的孩子有时会因为厚重的衣服而感到不便，但我们会相应地调整日程安排。气温和降水量是我们活动的参考数据。如果孩子们全身湿透了，我们就得回到室内，但如果大家都干爽且开心，我们会在外面吃饭。冬天我们每天要换几次衣服，两台烘干柜经常 24 小时不停运转。但无论天气如何，我们都会出去。如果有孩子身体不好，不能出去，那他或她就需要待在家里。家长们都清楚这一点。我们不会因为有人流鼻涕就待在室内。”

莫尔伯格有着那种平静的、专属教育工作者的气质，这种气质常见于儿童教育工作者身上。顺便说一下，我对这种特质既钦佩又羡慕。在这所森林学校，她似乎找到了完美的归宿。对自然的热情和户外活动的喜爱是无法伪装的，尤其是当你生活在与阿拉斯加湾相同纬度的地方，而你的工作内容包括为 20 多个蹒跚学步的孩子和学龄前儿童穿上防雪服，然后每天跟随他们至少 5 小时，观察松鼠的足迹和蓝莓灌木，不论季节或气温如何。

突然，另一位老师敲响了一只牛铃，提醒孩子们集合吃早间点心，或者说是水果时间到了。孩子们在建筑外的水龙头前排队洗手，然后围在一张野餐桌旁，莫尔伯格正在把香蕉切成两段，苹果切成四块，分发给迫不及待的孩子们。

“我想知道维克多在玩完那只青蛙后是否真的洗手了。”在大多数孩子吃完水果回到小溪后，莫尔伯格对另一位老师说，“不过也没关系，沾点泥土也无妨。”

那年春天，当凉爽潮湿的天气再次来临时，我试图像莫尔伯格那样鼓起勇气走到户外，但我发现自己很难找到那种热情。有一天，当我望向窗外时，我看到一位年迈的邻居正走出家门。雨水从铅灰色的天空倾泻而下，更糟糕的是，他还拄着拐杖。一开始我以为他只是踉跄着去取信件，但随后我意识到他正准备进行他每天一次甚至两次的散步。

就这样吧，我也要出去了。我穿上雨具，愉快地喊了声“你好”，当我从路边经过时，他慢了下来，转过头来，有些惊讶地看着我。然后，他向我点了点头，优雅地致意，随后又继续低着头散步。我每次散步时都会遇到他，这是他第一次意识到我的存在。这感觉像是获得了一次胜利。

我冒雨走到附近的自然保护区，一条两侧整齐排列着山毛榉和枫树的小路把我带上了一座陡峭的小山，这些树木依然穿着光秃秃的冬装。在山顶，我来到了一片积水的空地，泥泞的地面上覆盖着钝石和绿草。一棵孤独的橡树耸立在草地上，树干虬曲粗壮，两个人手拉手也几乎无法环抱整个树干。这棵树的根深深扎在地里，守护在这里已有几个世纪。早在我出生前它就在这里了，或许在我离开后它依然在这里耸立。昏暗的午后光线洒在老橡树上，树枝上悬挂着灰白的地衣，这一切让这个地方充满了神秘的氛围。我松开雨衣的帽子，把它往后拉，让雨水自由地流过我的脸庞，在额头、脸颊、鼻子和下巴上形成涓涓细流。

我的登山靴陷入了湿滑的泥地中，我缓缓走过老橡树，重新回到森林中。雨中的森林感觉有所不同。更阴郁，但也更加宁静。在我转身回家之前，我停下来，静静地听着一条小溪从清泉中流出，潺潺流过树丛的声音。我的双脚有些湿了，我的心却无比平静。被静谧的森林包围着，我感到警觉、满足、平和。这一刻，我对自己说，这就是真正活着的感觉。

There's No Such Thing
As Bad Weather

北欧育儿秘诀 第 5 条

不管天气如何，都去接受它。让你的孩子在户外尽情奔跑、弄脏自己。如果可能的话，在后院预留一个地方，让你的孩子可以挖土，或者用一些旧锅、杯子和其他厨房用具搭建一个简单的“泥巴厨房”。如果孩子手上和衣服上的泥让你感到困扰，记住，通常问题不在于如今的孩子太脏了，而是他们太干净了。

建议阅读：B. 布雷特·芬利（B. Brett Finlay）和玛丽 - 克莱尔·阿列塔（Marie-Claire Arrieta）：《吃点土也没关系》（*Let Them Eat Dirt*），Algonguin Books of Chapel Hill 出版社 2016 年出版。

第 6 章

要冒险，也要承担责任

冒险游戏
孩子自信了，
父母松弛了

✳ ✳ ✳

There’s
No Such Thing
As
Bad Weather

你不会记得爸爸帮你握住把手的次数，但你一定记得他放手的那一天。

——勒诺·斯科纳兹（Lenore Skenazy）

一个星期六，天空似乎在犹豫是继续淅淅沥沥下小雨，还是下一场倾盆大雨，我带着诺拉和诺拉的幼儿园朋友柯丝廷去了镇上的一个小公园。这种天气，你可能看不到孩子们围在攀爬架周围，但当我停车时，我注意到两个男孩和一个女孩从长满草的小山上跑下来，准备荡秋千。他们都穿着雨衣和靴子、戴着帽子，两个男孩都带着玩具弓箭。

“那是马娅的妈妈。”当我们下车时，我能听到其中一个孩子说。我认出他就是特迪，马娅的一个同学。特迪8岁，另一个男孩7岁，那个女孩是特迪的妹妹，只有5岁。他们自己在这里。我身上美国人的那一面令我又看了一眼，然后就开始四处寻找他们的父母。然而，我身上瑞典人那部分其实对此并不感到惊讶。

当诺拉和她的朋友正忙着把一条蚯蚓从沙坑移到草地上时，我跟他们打招呼，并闲聊。

“你们经常自己来这儿吗？”我问。

“有时候。”特迪回应道。

“你住在哪里？”

“在那边。”他说，含糊地指了指操场北侧的公寓楼，“在路那边的房子里。”

“在城里，你们还会自己去哪儿？”

“看情况，哪里都会去。”他说，这时他显然对我的问题失去了兴趣，并将注意力转向了在蜘蛛攀爬网上的朋友。

过了一段时间，他们开始了新的冒险。这是一个常见的场景，我以前看过很多次。毕竟，我曾经是那个 5 岁的女孩，和朋友们一起探索我们的社区和房子后面的树林。然而，在瑞典的这个雨天，我觉得这是一个奇妙的不同寻常的日子。

2015 年 4 月 12 日，两个美国孩子——10 岁的拉斐・梅蒂夫和他 6 岁的妹妹德沃拉，也在没有父母的情况下，在距离马里兰州郊区的家不到两公里的公园里玩耍，但他们没能回家。相反，在他们从公园回来的路上，他们被警察接走，并被移交给美国儿童保护协会。在接走孩子几小时后，儿童保护协会终于通知了两人的父母丹妮尔・梅蒂夫（Danielle Meitiv）和亚历山大・梅蒂夫（Alexander Meitiv），并根据马里兰州的一项法律指控他们犯有忽视儿童罪，该法律规定将 8 岁以下的儿童留在建筑物或车辆内无人看管是违法的。2014 年 12 月，在有人发现孩子们从另一个当地公园步行回家并报警后，儿童保护协会就曾对梅蒂夫一家进行过一次调查。

马里兰州的案件引发了众怒，并引发了一场关于儿童安全、政府过度干预，以及所谓的自由放养式育儿的全国性讨论。在儿童保护协会所起诉的父母放任孩子无人监管的案件中，梅蒂夫家的案子可能是最受公众关注的一个，但决不是唯一一个。“在美国的很多地方，孩子们在无人看管的情况下在外面玩耍已经变得非常罕见。看到这样的孩子，人们会立即打电话给相关部门，因为他们认为孩子们有危险。”自由放养儿童运动的创始人勒诺・斯科纳兹说，她曾在广受欢迎的博客上为梅蒂夫一家和其他家长辩护。“此外，因为孩子们没有父母陪同，人们自然而然地认为父母是不负责任的，因为只有不负责任的父母才会把孩子置于危险之中。我一直试图通过强调这些案例来指出，这不过是上一代人的常态。在外面的孩子无人监督并不意味着他们处于危险之中，这只是代表着父母信任孩子和他们的社区。”

梅蒂夫夫妇最终被撤销了指控，州官员澄清说，“除非儿童受到伤害或面临巨大的受伤风险”，否则独自玩耍或在外面行走不是儿童保护协会介入的理由。但关于他们育儿选择的争论在媒体上愈演愈烈，新闻媒体邀请民众来评判这起案件中父母是否忽视儿童。尽管大多数人似乎认为儿童保护协会越界了，但也有相当一部分人认为家长们让孩子们独自行动是不负责任的。在这场争论中，媒体试图将这种颇具争议性的育儿方式称为“自由放养式育儿”。

适当放手：孩子从依赖走向独立

然而，在美国被称为“自由放养式育儿”的行为，在北欧却是十分寻常的育儿方式。

如果你听到人们在斯堪的纳维亚地区提到“自由放养”这个词，他们很可能是在谈论下蛋的母鸡。在美国，有意识地让孩子独自在户外玩耍或行走的育儿亚文化在瑞典被视为孩子成长和发展的正常组成部分。这并不意味着斯堪的纳维亚地区的父母有一天会打开大门，让他们的孩子走到大街上，甚至走出去。正如维果茨基的“脚手架”理论所说，家长和老师要帮助孩子逐步进入学习的下一阶段。许多父母认为，为了成为独立、自信的人，孩子需要一定的自由，包括行动自由和在游戏中承担合理风险的自由。为了获得更多的自由，你必须证明你有足够的责任感，才能达到下一个阶段。在瑞典，父母理所当然地将其称为“有责任的自由”。

要想理解这一普遍的育儿原则，首先需要了解独立、坚韧和自尊是斯堪的纳维亚儿童希望自己拥有的品质。与知识不同，这些品质是无法传授的，必须通过亲身经历，不断地学习。家长和教育工作者也普遍认为，孩子在大自然中自由玩耍是练习这些技能的最佳方式。

“我认为在大自然中玩耍对孩子们的成长非常有益。他们会变得越来越独立，并相信自己的能力。”琳达说。她的 3 个孩子都参加了一个与自然相关的课后项目。“没有人会帮你爬上那块大石头，你只能依靠自己。当你的身体准备好了，你会做到的。”

这种观点在斯堪的纳维亚半岛很常见，因为传统上，父母和幼儿教育工作者对孩子冒险行为的容忍度都高于美国。杰茜卡·乔尔·亚历山大（Jessica Joelle Alexander）和伊本·桑德尔（Iben Sandahl）在《丹麦育儿方式》（*The Danish Way of Parenting*）一书中写道：“在丹麦，父母只有在绝对必要的时候才会干预孩子。他们相信自己的孩子能够尝试新事物，并给孩子建立信任自己的空间。”

在森林学校中，是没有明确边界的。所以幼儿园的孩子在森林中玩耍时，要学习待在老师的视线范围内。这既能培养独立性，又能培养自控力。孩子们没有被围栏限制，而是学会了遵守天然的界线——一根倒下的木头、一条小溪、一座陡峭的小山等。在所有的孩子中，似乎没有孩子能比那些上森林幼儿园的孩子更善于掌握自己的环境。当我第一次看到一个森林学校的两岁男孩在一堵相当高的岩壁上漫步时，我很紧张。这看起来虽然不像他在美国大峡谷国家公园的峭壁边缘摇摇欲坠那么惊悚，但落差也足够高了，万一他摔倒了，他可能会受伤。然而，负责照看他的幼儿园老师的态度却很平静。

当我表达担忧时，老师说："他知道自己能去哪里，不能去哪里。他们很快就知道自己能应对哪些情况。"

其他几位森林学校的老师也告诉过我类似的事情。

"他们在大自然中待的时间越多，就越能掌控自己。"斯德哥尔摩森林学校的教师玛丽亚·莫滕松说，"看得出来，他们对自己的能力有很好的把握，因为他们不会让自己陷入无法应对的境地。"

在家里，瑞典儿童可能会在没有成年人监督的情况下先在后院玩耍，然后随着年龄的增长，在大一点孩子的陪伴下在附近玩耍，在这个过程中磨炼这些技能。一旦他们到了上学的年龄，许多人就开始步行或骑自行车去学校和彼此的家。那个下雨的星期六，我们在公园看到孩子们并不奇怪。每次我开车穿过城镇和乡村，我都会看到孩子们要么在没有成年人的情况下在外面玩耍，要么自己步行或骑自行车四处走动。

一项针对瑞典南部一个中型城市的研究显示，74% 的四年级学生步行或骑自行车上学，21% 的学生乘车上学，包括公交车和私家车。尽管如今乘车上学的孩子比 30 年前多，但研究指出，瑞典学龄儿童的体育活动量是世界上最高的，这得益于体育课和其他有组织的运动，但最活跃的孩子是那些在外面和朋友玩得最多的孩子。其他日常活动，如独自上学、跑腿和遛狗等家务也有助于增加整体活动量。或者，正如研究所指出的："良好的体育活动水平反映了他们日常生活的多样性，在日常生活中，他们可以按照自己的意愿玩耍和活动。"

"我非常相信孩子们完全有能力穿上靴子独自出门。"进行这项研究的环境心理学家弗雷德里卡·莫滕松说，"步行和乘车之间有着巨大的区别。我认为你必须慢慢地走，才能欣赏世界的运转之道。不一定非得在风景优美的地方散步。当你在户外时，哪怕只是感受吹在脸上的风，也能感知到大自然无处不在。”

冒险游戏：负责任的自由

作为父母，我们会本能地担忧孩子的安全。如今，在许多地方，允许孩子自己在户外玩耍已经成为一种有争议的育儿方式，或者更糟的是，被定为犯罪。2014 年，一项针对 1 000 名美国父母的调查显示，68% 的父母希望禁止 9 岁及以下的儿童在无人监督的情况下在公园里玩耍，43% 的父母希望出台法律，禁止 12 岁及以下儿童做同样的事情。这与几十年前父母的态度相比，可以说是发生了根本性的转变。另一项被广泛引用的研究表明，尽管 70% 的美国妈妈小时候每天都在户外自由玩耍，但她们的孩子中只有 29% 能够这样做。相反，许多孩子已经成为“后座一代”，花大量时间参加各种有组织的活动，很少有时间进行非结构化的户外游戏。但根据美国疾病控制与预防中心的数据，对孩子来说，最危险的地方既不是游乐场，也不是树林，而是汽车里。每年有超过 1.2 万名美国儿童因意外受伤而死亡，其中机动车事故是最常见的死亡原因，其次是溺水，大多数情况下发生在家庭游泳池中。

研究还表明，尽管自 20 世纪 90 年代以来，针对儿童的暴力犯罪案件一直在稳步减少，被陌生人绑架和杀害的风险极低——大约为 0.000 07%，即每年 140 万分之一，因此专家称这一风险几乎可以忽略不计，但仍有四分之三的美国父母担心他们的孩子会被绑架。在绝大多数针对儿童的性侵案件中，作案者往往是孩子身边的人——家庭成员、亲戚或熟人，而不是街上的陌生人。尽管如此，这些数字并没有缓解父母对孩子会被陌生人绑架和伤害的担忧。

斯德哥尔摩急诊精神科病房的首席精神病学家戴维·埃伯哈德（David Eberhard）表示，我们的大脑倾向于高估可能发生在孩子身上的两种事件：那些会带来灾难性后果的事件，以及那些超出我们控制范围的事件。这两种事件中都含有绑架。无论这种事件有多么罕见，我们的大脑都不太擅长判断它的风险到底有多大。而恐惧的力量是非常强大的。当有关儿童被绑架的新闻成为晚间新闻的头条时，人们很容易相信同样的事情也会发生在自己的孩子身上。埃伯哈德说："这些事情之所以成为大新闻，正是因为它们几乎从未发生过。但人类的心理很难应对这种信息。"

如果说过去一代人中，让孩子在无人监督的情况下在户外玩耍的风险没有改变，那么人们在道德上对这件事的态度似乎已经改变了。2016 年，加利福尼亚大学的一项研究指出："美国人已经接受了一种育儿准则，即每个孩子都应该始终处于成人的直接监督下。如果父母违反这一准则，让孩子独处，哪怕只是短时间的，也常常会面临严厉的指责，甚至法律诉讼。"研究人员通过一系列实验揭示了这一转变，在这些实验中，参与者被要求评估在 5 种不同的假设场景中，孩子无人看管时的风险等级。其中，孩子的年龄和留守的情境都是相同的，但父母离开孩子的原因各不相同。在某些情况下，父母是无意间离开或为了工作离开，其他情况下则是为了休息或会见秘密情人。结果表明，当父母离开的原因被视为道德上不可接受时，参与者一致认为这种情境对孩子更危险。"人们不仅认为让孩子独处是危险的，因此是不道德的；他们还认为这是不道德的，因此是危险的。"研究者写道。无人监督的户外玩耍远不是唯一一种最近被妖魔化的童年活动。爬树、赤脚走路、玩捉迷藏、打雪仗，这些曾经被视为正常的活动，现在也逐渐被禁止了。"游戏英国"的一项研究表明，一半的英国儿童被禁止爬树，五分之一的儿童被禁止玩捉迷藏或追逐游戏。尽管在 2007 年，儿童从床上摔下来入院的可能性几乎是从树上摔下来住院的 3 倍。

具有讽刺意味的是，在我们的孩子从统计数据上看比以往任何时代都更安全的时候，消除他们生活中所有可见风险却成了主流的育儿策略。马尔默大学的人类生态学研究者艾巴·利兹伯格·詹森认为，对所谓“冒险游戏”的焦虑是因为社会变得更加安全和有保障。“这种安全感有点像陷阱。我们想要更加安全，但永远觉得不够安全。这就是我们所说的‘关爱焦虑’。一旦你确保了孩子的安全，就会觉得自己成功了，而这种感觉又会让你更想确保这种安全。”

埃琳·肯尼（Erin Kenny）是美国第一所森林幼儿园“雪松之歌”自然学校的联合创始人，该幼儿园位于华盛顿州的瓦雄岛。她表示，主流文化对儿童评估风险的能力并不信任，导致他们错过了学习和锻炼身体技能的机会。“如果攀爬架周围的所有表面都包裹着柔软的海绵，这会给孩子们传递一个错误的信息，即他们可以随便摔倒，所以他们可能会爬得比实际应该爬的更高。他们没有学会如何评估风险。”她谈到游乐场越来越严格的安全规定时补充道，“我们这个文化根本不信任孩子——我们基本上是为他们而活。直到七八岁之前，他们都被过度保护，时时处在过于谨慎的监护下，没有机会练习任何身体技能，现在问题已经非常严重了。公立幼儿园的老师说，孩子们甚至没有足够的手部力量握住铅笔。有些 18 岁的孩子因为缺乏上半身力量而需要进行物理治疗。这令人震惊。”

肯尼的话让我想起了在美国游乐场的一次经历。当时我看到一位母亲对自己六七岁的女儿大喊，要求她立刻从攀爬架上下来：“你会摔断腿的，我们今天可没时间去急诊！”

那个女孩显然很失望，但还是照做了，迅速从攀爬架上下来。面对“骨科手术”的威胁，谁又不会这么做呢？

我毫不怀疑这位母亲是出于好意。毕竟，没有父母愿意看到自己的孩子受到严重伤害。我们很容易被诱惑，想要时刻守护在孩子身边，反复嘱咐他们“要小心”“慢点”“从那儿下来”。但是，孩子们进行冒险游戏有很多充分的理由，成年人也应该允许他们这样做。

位于挪威特隆赫姆的莫德王后幼儿教育学院体育教育副教授埃伦·桑德塞特（Ellen Sandseter）将冒险游戏描述为“刺激和激动人心的游戏，其中可能包含身体受伤的风险”。她进一步归纳了 6 种不同类型的冒险游戏，包括高空的游戏、高速的游戏、使用危险工具的游戏、与危险元素接触的游戏、打闹游戏以及迷路的游戏。通过回顾多项关于冒险游戏的研究，桑德塞特发现，独自玩耍或拥有自主活动能力的孩子比同龄人更加活跃，社交技能也更好。他们在评估风险方面也更有能力，这种能力在他们以后不再有成人监护时能派上用场。桑德塞特认为，总的来说，冒险的户外运动对健康的积极影响超过了避免这些游戏所带来的好处。她还指出，冒险游戏能让孩子更好地掌握应对危险的能力。当成年人限制孩子的冒险游戏时，会阻碍他们寻求挑战和刺激，而这些正是他们正常身心发展所需要的。

加拿大温哥华的不列颠哥伦比亚大学的玛丽安娜·布鲁索尼（Mariana Brussoni）领导的一项研究也表明，允许孩子参与如攀爬、跳跃、打闹游戏和独自探索等冒险活动，能让孩子在身体和社交方面表现得更好。布鲁索尼指出，在游戏中冒险“有助于儿童测试他们的身体极限，发展他们的感知运动能力，并学会躲避和适应危险的环境和活动”。简单来说就是，允许一些冒险的游戏实际上会让孩子们更安全，更不容易受伤。

有一天，当我看到马娅和诺拉在乌尔里瑟港（住处附近的一个大城市）的一处新游乐场玩耍时，我想起了布鲁索尼的话。几个女孩在一台现代化的设备上玩耍，这台设备看起来有点像游乐园里常见的旋转秋千，只不过这台是人力驱动的。上面有各种各样的秋千，有些是要站在上面的，有些是要坐着的，还有些甚至是要悬挂着的。诺拉正倒挂在一根类似绳索的装置上，而马娅则站在其中一个秋千上。这设备看起来和我以前见过的任何游乐场设备都不一样。其他四五个孩子各自以不同的方式挂在剩下的秋千上。一个可怜的爸爸被困在其中，当着“引擎”，一圈又一圈地拉着旋转秋千，直到它获得足够的速度和动能自行转上几圈。“再来一次！再来一次！”孩子们兴奋地大喊，直到他再次抓住旋转秋千，让它继续旋转。

与此同时，我和那位父亲的妻子阿妮特一起在远处看着他们。她摇了摇头，微笑着看着她的女儿一圈又一圈地转着，丝毫没有想要停下的迹象。“只要她们不做什么危及生命的事，在我看来，她们就没问题。”她说，“我们从来不对孩子们说‘不，你不能那样做’，她们也从来没有摔伤过。我觉得她们通过不断尝试和保持活跃获得了更好的协调能力。即便她们真的摔骨折了，也会很快愈合。最危险的事情就是坐着不动。”

我听到过很多斯堪的纳维亚半岛的父母说过类似的话。“当然，你不希望自己的孩子受重伤。”一位有两个孩子的父亲马格努斯说，“但孩子腿上有瘀青，膝盖擦破是很正常的。我们把这叫作‘夏天的腿’。”

研究人员指出，斯堪的纳维亚人普遍拥有这种态度，部分是因为他们将大自然视为孩子们所需的、不受限制的“自由区”。在成人主导的、有组织的活动和可预测的生活以外，让孩子拥有“自由区”也同样重要。在大自然中，孩子们会面对远比自己强大的力量所带来的身心挑战，而斯堪的纳维亚的父母相信，这有助于培养诸如自我约束的能力、韧性和解决问题的能力。波士顿学院的心理学教授彼得·格雷

（Peter Gray）[①]是冒险游戏的著名倡导者之一，他认为，冒险游戏对孩子的健康和发展有益，而剥夺孩子这种机会可能会带来伤害。根据格雷的说法，冒险游戏是让孩子们在大自然中锻炼自己的情绪韧性[②]，学会如何管理和克服恐惧的一种方式。格雷还指出，自 20 世纪 50 年代以来，随着孩子们自由玩耍和拥抱冒险的机会减少，儿童中焦虑和抑郁等心理疾病的发病率急剧上升，两者之间存在直接联系。

“这个故事既讽刺又悲哀。我们剥夺了孩子们自由的冒险游戏，表面上是为了保护他们免受伤害，但在这个过程中，他们更容易陷入精神崩溃。”格雷在《今日心理学》上撰文写道，“从长远来看，我们阻止孩子们参与这种游戏所带来的危害比这种游戏要大得多。而且，我们剥夺了他们的乐趣。”

“韧性”通常被定义为从挫折中恢复、适应变化并在逆境中坚持下去的能力。教育者和企业高管常常将这种毅力、决心以及从失败中学习的能力视为应对学业和工作挑战的必备素质。事实证明，韧性是学业和职业成功的关键。对孩子们来说就更为重要，因为他们在成长过程中会面对相当多的逆境。

为了培养这些素质并鼓励孩子多活动，研究人员建议将当前“尽可能保障孩子安全”的态度转变为更具灵活性的“保障孩子的必要安全”的做法。斯堪的纳维亚森林学校就是一个很好的例子，在这里，孩子们可以在可控范围内进行冒险活动，可以爬树（高处）、用棍子拨火（危险元素），也可以使用锤子和锯子（危险的工具）。这些活动让孩子们

---

① 彼得·格雷是美国顶级发展心理学家。他在著作《玩耍是最认真的学习》中提出，玩耍不仅是孩子的天性，更是他们最认真的学习方式。该书中文简体字版已由湛庐引进，由浙江教育出版社 2023 年出版。——编者注

② 情绪韧性指个体面对压力和挑战时保持情绪稳定的能力。——编者注

在安全范围内挑战自我，既能发展他们的身体技能，又能增强他们的韧性和解决问题的能力。

“我们的孩子之所以独立，不是因为我们让他们做危险的事情，而是因为他们在真实地生活。”瑞典第一所森林学校穆勒堡的联合创始人西夫·林德一边说着，一边向我展示院子里的一个木工坊，孩子们正在那里制作自己的木马。“我认为孩子们需要使用真实的工具来创造真正的东西。他们敲锤子时可能砸到自己的拇指，但这也是一种学习。我认为我们需要让他们尝试，我们不能为他们排除所有危险。”

斯科纳兹认为，让孩子有不受监督的时间，这很有挑战性，但对父母和孩子来说都很有益。“父母需要体验放手的感觉，哪怕只是短暂地不去监督他们的孩子，这样他们才能意识到这没什么大不了的。”她说，“那些害怕这么做的父母，内心总是在问自己：‘万一呢？’我把这称为底线思维。你会先想到最坏的情况，并假设它很有可能发生。”

评估风险：爬树点火的勇气

从我们的小木屋步行两分钟，能看到一座小红房子，它建于 19 世纪，归当地教堂所有。我注意到，每到周三傍晚快到 6 点的时候，这条平时安静的路上车流量会急剧增加，然后在 7 点半再度变得繁忙，有时我还能听到树林里传来孩子们的声音。有一天，我决定去林中仔细看看，结果发现到处都有人活动的痕迹：用直长的树枝搭建的三脚架，树枝是用绳子绑在一起的，绳结打得很精细；简朴的低矮住所的内墙上刻着名字；好几个篝火坑周围散落着烧黑的木头残骸。

显然，这里在进行一些活动。但到底是什么呢？

一个周三的晚上，马娅在参加合唱练习时，我和诺拉走到小红房子那里，看到一个高个子男人，梳着长马尾，正和大约 40 个年龄在 9 ～ 16 岁之间的孩子围成一圈。他耐心地等待着，直到所有孩子都安静下来，完全站定，右手举起。

“你好，童子军们！”他大声喊道。

他的名字叫马格努斯，与其他许多人一样，他在 9 岁时加入了童子军。那时，童子军活动和足球是这里的孩子们仅有的两种课外活动。几年前，他选择回来担任童子军领队。他说，尽管今天的父母更倾向于开车送孩子们去大城市参加活动，但童子军的传统魅力仍然非常强大。

“家长们认为这是件好事。他们自己也有美好的回忆。他们喜欢我们经常在户外活动。”40 多岁的马格努斯说，“事实上，我们现在在户外的时间比我小时候参加童子军时还多。”

事实上，他们除了待在户外没什么别的选择，因为老宅子里没有足够的空间容纳整个团队。无论天气晴朗还是下雨，每次集会都在户外进行，每个小队都在其中一个住所旁有自己的“根据地”。让孩子们走到户外，享受“户外生活”是瑞典童子军运动的主要目标之一，这不仅是为了他们的个人健康，也是为了培养他们对自然的理解以及对环境可持续发展的意识。不过，他们认识自然，更多是为了学习生存技能，而不是单纯观测自然。“我们了解大自然是为了利用它。我们建塔楼，烧东西。”马格努斯说，“在扎营期间，我们的首要任务是确保整个团队能够生存下来，然后才会考虑回收，并尽量减少对环境的破坏。”

童子军活动中特别重要的元素是火。“如果在集会上没有烧点什么，大家都会失望，包括领队。”马格努斯打趣道。

那些说孩子不应该玩火的人显然从没见过瑞典童子军的活动。今天，他们要为一场名叫“百米火”的比赛练习，这个名字相当贴切。在这个游戏中，各小队首先要生火，然后把火移动一定距离——比如 100 米。途中，他们需要多次停下并完成任务，比如烧断一根绳子、烧开一壶水、烤出爆米花，最后点燃火炬。最小的孩子可以用火柴和预切好的木头，而且能用金属烤架来移动火。而最大的孩子则只能使用火石，并必须从森林里收集木材，要自己想办法移动燃烧的木头。

他们一得到领队的批准，几个孩子就拔出刀子，开始从原木上切下小木屑来制作引火物。其他人则到树林里寻找引火物。一个看起来不超过 10 岁的女孩开始熟练地用斧头劈柴。如何使用刀和斧头以及生火，是他们在 9 岁加入童子军时首先学习的技能。许多斯堪的纳维亚的父母认为“如何在户外生存”这一实用的基本技能是全面教育的重要组成部分。

“这些练习的全部意义就是向他们展示这些技能的实用性。”托尔比约恩说。她是一位领队，她的女儿 5 年前加入了童子军。“如果他们不会生火，就只能吃冷的热狗了。这种情况以前也发生过。”

很快，我们周围几处篝火燃了起来。第一支成功烧断绳子的队伍开始移动她们的火源。两个女孩用两根又长又直的树枝把它举起来。她们将树枝放在托着燃烧木头的金属烤架下方。在几秒钟的时间里，火摇摇欲坠地停在格栅上，而女孩们则小心翼翼地在岩石地面上向前移动。然后她们失去了平衡，火堆散开了。“砰，砰，砰”，燃烧的木头落在地面（地面潮湿，没有起火的风险），火星四溅。但这似乎没有让任何人感到慌乱。

“没关系，你可以把它放在那里。”其中一个年轻的领队雅各布平静地说道，语气中没有一丝讽刺。

与此同时，诺拉把一根棍子伸进另一堆火里，然后把它拔出来，假装它是一支火炬。我本能地想立刻让她放下它，别玩火。但随后我意识到，如果有哪个地方允许这样做，那就是这里，所以我决定不干预她。但她对此并不满足。她想要一把刀。我问马格努斯，诺拉是否可以借一把刀。他笑得很开心，显然他乐于答应这样的请求。“当然可以。”他说，然后从口袋里掏出一把，“给你。”

诺拉试了好几次，都有些焦躁了，但最终还是从一根小松枝上削下了几片木屑。她认真削着木屑，直到天色渐暗，才不情愿地把刀还给马格努斯。当我们走回家时，空气中弥漫着浓浓的湿松木和燃烧的木头的味道，孩子们的笑声和叫喊声渐渐消散，但诺拉不停地谈论着她的经历，直到那晚她疲惫而幸福地睡去，头发上还带着一股浓浓的篝火味。

我知道诺拉与瑞典童子军相遇的那次经历给她留下了深刻的印象。几周后我们去哥本哈根旅行时，我更加确信，斯堪的纳维亚式的冒险游戏和“负责任的自由”的行事方式对孩子们至关重要。

当我到达哥本哈根中央火车站时，首先引起我注意的是一群穿着反光背心的学龄前儿童，他们与老师们一起走过主大厅。孩子们成对行走，手牵着手，轻松地聊天，似乎对自己正穿过斯堪的纳维亚地区最大的交通枢纽之一毫不在意。显然，他们从开始学走路的那天起就已经适应了这种环境。

当我走到外面时，第二件让我印象深刻的事就是成百上千辆自行车停放在指定的自行车停车区，停车区有两层楼，规模类似于我在纽约看到的户外停车场。街道上也挤满了自行车。我很庆幸自己不是在开车，而是和丹麦本地的电影制作人丹尼尔·斯蒂林（Daniel Stilling）一起骑着自行车穿过这座城市。丹尼尔和他的美国妻子艾米·斯蒂林（Aimie Stilling）是获奖纪录片《自然游戏》（*NaturePlay*）的创作者，该纪录片质疑了在美国用来评估幼儿教育质量的高风险考试体系①，提倡斯堪的纳维亚的传统，即让学龄前儿童在大自然中度过他们的时光。

丹麦的面积不到两个马萨诸塞州那么大，有上万条自行车道。许多骑自行车的人都是孩子。他们中的一些人正从学校回家，其他人则去参加他们的“课外活动”，这是一个针对在职父母子女的课后托管项目。我们将前往另一个课外活动组织——“彩虹乐园”。孩子们来这里玩火、锤子和钉子，还有兔子，当然通常不是同时进行所有活动。

丹尼尔有一头深金色头发，山羊胡子修剪得整整齐齐，他毫不费力地在狭窄繁忙的街道上穿行。艾米告诉我，他们是在一个电影拍摄现场认识的，丹尼尔负责拍摄，而她当时是在野外救援方面有丰富经验的巡逻员，负责安全工作。艾米第一次来到丹尼尔的祖国时，她参加了一个斯堪的纳维亚育儿方式的“速成班”。丹尼尔回忆说，在罗斯基勒市的一家博物馆前，看到一个小孩子在低矮的岩石上爬来爬去。

丹尼尔说：“孩子的父母一点也不担心，但艾米吓坏了。”“我当时心想：‘这里的橡胶垫子呢？’”艾米笑着接话。

在这对夫妇有了自己的女儿贝拉后，艾米自称是“直升机家长”，时刻关注着女儿的每一步。在他们离开佛罗里达州，到丹麦长期居住并让贝拉在森林幼儿园上了几个月学后，一切发生了改变。现在，艾米说她的“直升机式”育儿倾向几乎消失了，她笑称自己正在“恢复中，偶

① 高风险考试体系特指对受试者影响重大的考试体系。——编者注

尔会退步”。这段经历也促成了《自然游戏》的拍摄，其中一些镜头就是在“彩虹乐园”中取景的。

“彩虹乐园”成立于 1984 年，至今有不少 9 ～ 16 岁的儿童参与这项活动。他们会定期在放学后（有时是上学前）步行或骑自行车来到这里。“课外活动”只对已注册的儿童开放，而“彩虹乐园”的理念源自丹麦的公共冒险游乐场——最初被称为“废品游乐场”。第一个冒险游乐场于 1943 年在丹麦被占领期间建在埃姆德鲁普，著名的景观设计师卡尔·西奥多·索伦森（Carl Theodor Sørensen）常被认为是这一理念的创始人，他注意到孩子们喜欢在建筑工地上用废弃的建筑材料玩耍。这一理念从丹麦传播到多个国家，如今在欧洲已有 1 000 多个这样的游乐场。

注：贝拉正穿过“彩虹乐园”的施工区。“彩虹乐园”是丹麦哥本哈根的一个模仿“废品游乐场”的课后活动项目。

◎ 图片来源：琳达·埃克森·麦格克摄。

尽管我们身处哥本哈根的市中心，路的一边是学校，另一边是高层建筑，但当我们下车时，立即被几只大摇大摆巡逻的鹅和一头自由散养的越南大肚猪迎接，仿佛它们是这里的主人。一只棕白相间的丹麦乡村山羊被拴在树桩上，正低头寻找地上的食物，在看到我们和担任了“课外活动”项目30年经理的克劳斯·尼德高德（Klaus Nedergaard）走过时，抬起了头。克劳斯逐一向我们介绍所有动物，包括在一排小围栏里的两匹马和两匹较小的矮种马。起初他显得有些矜持，但我很快意识到，他只是不喜欢寒暄。他的话言简意赅，每个字都经过仔细斟酌。

“棕色的小马会咬人。”克劳斯简短地告知我们。“不要碰它，宝贝！”艾米迅速对贝拉说，随后她立刻纠正自己的行为，“直升机家长又来了，”艾米自嘲道，然后笑了起来，“有些习惯难以改变。”“她知道的。”克劳斯平静地回应道。

接着，我们进入了“施工区”。这里，泥泞的小路穿过一摞摞高高的运货板、鸡舍、木料堆、废品堆和冒着烟的火堆。到处都是五彩斑斓、不对称的树屋式结构，它们都是由孩子们自己设计并在克劳斯的帮助下建造的，有些只有一层，有些有两层，唯一的硬性规定是建筑必须安全。许多建筑从未完工，但每一座都成为这个不断扩展的童年梦想村庄的独特组成部分。“实际上，这些房子在完成后很少被使用。对孩子们来说，过程比结果更重要。”克劳斯说道。

孩子们拥有很大的自由，即使整个场地看起来似乎杂乱无章，但这里依然有一定的结构和规则。工具有借还制度，乱丢工具的孩子会被禁止使用工具一周。孩子们可以随意进出，那些拥有鸡或兔子的孩子要负责照顾它们。

“我们在这里养了动物，所以我们每天都要来，否则它们就没有食物和水了。”一个名叫米娅的 9 岁小女孩解释道，“我爱这里，尤其是那些动物。”

并非所有的 SFO[①] 都像“彩虹乐园”一样，但这个地方很好地反映了丹麦普遍存在的关于风险、自由和责任的态度。偶尔发生一些小事故，像磕磕碰碰、擦破膝盖、踩到钉子或割伤手，都被认为是正常的童年的一部分。尽管这里的孩子使用真正的工具，爬树、点火，而且这些活动都很少受监督，但这些都被认为是帮助他们学会管理风险的一部分。在彩虹乐园，严重受伤的情况非常少见。

“在 30 年里，我们可能只遇到过两次孩子摔断腿的情况。我们从一开始就告诉家长，孩子们会玩火、使用工具。如果他们不能接受，那他们需要去别的‘课外活动’。”克劳斯说，“而且我不接受关于衣服脏了或衣服破损了的投诉。如果孩子们身上带着不好的气味，回家时满身泥土，那就说明他们玩得很开心。”

离开后，艾米告诉我，她的妈妈在她很小的时候就让她独自在外面玩，这让她后来选择在美国国家公园管理局工作。对艾米来说，当她将丹麦孩子们的生活与她和丹尼尔在奥兰多的社区生活进行比较时，她有了某种决心。尽管他们的社区是有门禁的，且非常安全，但她很少看到有孩子在外面玩耍。

“我意识到我必须主动采取行动。我们母亲那一代人可以很放松地让我们在外面玩。但如今在美国，人们总是担心如果给孩子太多的自由，别人会报警。所以现在是时候为孩子构建一种更现实的环境了，比如可以组织自然游戏小组，让孩子在我们设定好的范围内自由玩耍。”

---

① SFO（skolefritidsordning），丹麦课外活动的简称。——编者注

我们镇上孩子们的一项课后活动是周四晚上在学校体育馆开设的儿童体操课。体操课有两个班：一个是下午 4 点半为学龄前儿童开的，另一个是 5 点 15 分为学龄儿童开的。马娅和诺拉都想参加，我本来打算让她们互相等着。但后来我遇到了珍妮，她是马娅同班同学汉内斯的妈妈。他们家离学校很近。她提出了另一个计划。“我本来打算让汉内斯自己待在家里，我带他弟弟洛夫去上小朋友的体操课，然后汉内斯可以自己走到体育馆。马娅也可以放学后去我们家待着，然后他们可以一起过去。汉内斯一定很高兴！”

她说得如此随意，仿佛这是理所当然的，仿佛这不会让她看起来是个不称职的家长，仿佛这种做法完全符合文化习俗。我之前也让孩子们在树林里无人监督地玩耍过，但由于我们在美国的家是在乡下，除了走到路边的邮箱，她们没法自己去其他地方。而且除了我带狗出去短暂散步的时候，我不会把她们单独留在家里。

“你之前让他一个人待在家里过吗？”我问她。

“有过，每次一小时左右，当我带洛夫出去散步或者在镇上处理事情的时候。”珍妮回答。

“他知道怎么锁门之类的事情吗？”我不太确定还会有哪些“事情”，只觉得这对一个 8 岁的孩子来说责任很大。

“不知道，但他会弄明白的。”她的自信富有感染力，所以我告诉她，我会问问马娅，虽然我已经知道她会怎么回答了。

“我可以一个人和汉内斯待在一起？”马娅的眼睛睁大了，脸上露出了难以置信的笑容。

“是的。你想这样吗？”我问她。

“想！”

于是我问她：“你觉得自己能按时上体操课吗？”

“嗯……能吧。”她回答得并不那么自信。无论如何，我决定让她尝试一下。

当第一个星期四到来时，我去了珍妮家，我们一起帮孩子们做出发准备。在我们离开之前，珍妮站在门厅里，向汉内斯最后嘱咐道：“你出门时要锁好门，钥匙在这里，你的体操服在这里。”她先指向墙上的钥匙架，然后指向门边地板上的体操包。“你要在 5 点 05 分出发，这样才能准时到达。记住了吗？”汉内斯点点头，他的目光飘忽不定，我们并不确定他是否真的在听。接着，他们两个跑回到外面，继续玩汉内斯刚刚收到的生日礼物——一条滑索。我们就这样离开了他们。

虽然等他们出发时天已经黑了，但从汉内斯家到学校只有不到 5 分钟的路程，路上也几乎没有车辆往来。我并不太担心他们独自在家或者走去学校。最糟糕的情况可能就是他们忘记了时间，导致上课迟到。当我在体育馆的时钟上看到已经过了 5 点 10 分，更衣室里还没有马娅的踪影时，我开始觉得情况正如我所预想的那样。接近 5 点 15 分时，我走到外面去找他们。还没见到他们，我就听到了他们的声音，他们在学校后面的足球场边上的小山坡上，一边嬉笑一边追逐着。

“我们忘了锁门！”马娅看到我时大声喊道，“所以我们不得不回去！”

虽然他们差点迟到，但总算赶上了。几个月后，到了体操课学期结束时，我已经毫不犹豫地让马娅自己负责按时上课这件事了。不久，她和诺拉也开始自己走去她们的表哥家。他们家距离我们家有 800 多米。

让孩子独立，让自己放手，这一切需要循序渐进。

There's No Such Thing
As Bad Weather

北欧育儿秘诀 第6条

不要屈服于恐惧，过度担忧安全已经扼杀了我们过去熟悉的户外玩耍。相信你的孩子，并随着他的成长，逐渐给予他更多在家中、后院以及社区里无人监督的自由时间。让他与邻居和其他家庭建立联系，提升他对社区的社会信任感。

建议阅读：勒诺·斯科纳兹：《自由放养儿童》(*Free-Range Kids*)，Jossey Bass 出版社 2010 年出版。

第 7 章

户外时光是最好的亲子时光

户外同行

打开多巴胺的开关

* * *

There's
No Such Thing
As
Bad Weather

大山在呼唤，我要走了。

——约翰·缪尔（John Muir）

5月，春天还未尽，夏天已经轰轰烈烈地到来了。森林几乎在一夜之间变成一片绿色的海洋，树叶热情奔放地破芽而出。一周前我还戴着手套，如今孩子们已经光着脚在四处奔跑，道路上挤满了前往海边的露营车。在当地的墓地里，盛开的水仙花、粉百合和三色堇取代了在冬天常常装饰着墓地的简朴松枝。我手里拿着两株紫色的三色堇，走在铺好的小路上，前往安葬我祖父母的地方。女孩们在墓地里来回穿梭，急切地寻找他们的墓碑。然而，她们从那块不起眼的花岗岩板前跑过了，都没有注意到。那是一块自然光滑、带有粉红色调的石碑，宽度半米左右，平放在地上。石碑前，十株黄色的水仙花向着太阳伸展，旁边有一个小牌子，上面写着“由教区维护”。

我坐在坟墓旁长满苔藓的潮湿的草地上，往事一幕幕浮现。那时我只有 3 岁，穿着一件成人尺码的海军蓝色运动衫，在一个类似公园的绿地上翻滚。我的家人坐在我身后的长椅上，沐浴着春末的阳光。我们在瑞典的拉普兰德，位于北极圈向北 265 公里处。这件运动衫是我祖母的。在那次旅行中，我坐在父亲背上的婴儿背带里，穿越了瑞典一些最壮观的荒野，目睹了午夜太阳悬挂在拉普顿山谷上空，它是瑞典最著名的山景之一。这座山谷像是半截巨大的管道，由上一个冰河时期的冰川雕刻而成。那些景象以及那次旅行中的大多数经历，现在都变得模糊不清，我只能通过祖父母地下室里放映的旅行照片幻灯片拼凑出一部分来。毕竟我当时只有 3 岁，无法充分领略那些美景。但我记得最清楚的是祖母追着我跑，而我则笨拙地穿着她过大的衣服，试图逃跑，我们俩笑得前仰后合。

我的祖父身高接近 1.9 米，体重将近 100 公斤，身材魁梧，皮肤永远晒得黝黑，皱纹比古老的峡谷还要深。他那银灰色的头发总是向后梳得很光滑，从少年时期到去世那天，他的发型始终如一。他不爱变化，大概就像素食者对血淋淋的牛排完全没兴趣一样。他是个极其守时的人，这或许是因为他一生都在当巴士司机。他经营自己的巴士就像某些专制领导人管理国家一样严谨，对与乘客闲聊几乎毫无兴趣。这种态度，再加上他对醉酒青少年的厌恶（他长期以来滴酒不沾），最终为他赢得了“石头脸”的绰号。

作为他唯一的、深受宠爱的孙女，除了他抱怨后院门廊上那些霸占了他精心维护的鸟食槽的喜鹊时，我几乎从未见过他严肃的一面。

“来，我有个惊喜给你！”他总是神秘兮兮地把他紧握的右手伸向我。然后，他慢慢地张开手，露出一把刚从花园里摘下的新鲜野草莓。“我把它们都留给你了。”

如果说我的祖父会有些古怪脾气，那么我的祖母则完全相反。她是一个在家工作的裁缝，性情温顺、和蔼可亲，从未对我大声说过话。事实上，她几乎从来不对我说“不”。她对我宠爱有加，而我也对此心知肚明。但我喜欢去祖父母家的原因不仅仅是玩具和永远装满糖果的橱柜，而是我的祖母给予了我比这些更珍贵的东西——她毫无保留的时间和关注。她会像同龄的伙伴一样和我一起玩耍。她从来不说外面太冷，反而会帮我在雪中挖隧道。夏天时，我们在车道上玩跳房子，在后院打羽毛球。我们会在社区里散步，站在门廊处吃新鲜草莓和冰激凌。我是她的整个世界，而她也是我的世界。

我的祖父母并不能被称作户外探险专家或狂热的环保主义者。他们没有昂贵的装备，也从未特别热衷于运动。他们也绝对不会梦想去征服海拔 4 000 米的高峰。尽管如此，户外与自然一直稳定地存在于他们的生活中，他们与自然的关系就像我祖父与他的汽车和晚间天气预报的关系一样，稳固而忠诚。

我的祖父在我上高中时去世了，但我的祖母一直陪伴我到我 35 岁的时候。2013 年，85 岁的她去世后，我整理了她保存在衣橱里多年的旧照片。这些照片的拍摄时间大致是从我父亲出生的 20 世纪 50 年代起，到 80 年代末为止，记录了祖父母生命中的许多瞬间：有生日和圣诞节这样的传统庆祝活动，有假期旅行和亲戚探访的场景。然而，在翻阅了数百张斑驳的照片后，我注意到了一种不同的趋势。有相当多的照片可以被描述为某种以自然为中心的“人像”，比如，我的祖母坐在被一片木堇花海包围的岩石上，这标志着春天的到来；我的祖父站在一个巨大的雪堆旁，这记录了一次特别严重的暴风雪。有些照片中他们两个一同出现在拉普兰德的群山中，穿着牛仔裤和笨重的橡胶靴——那是当时的标准登山装备。有时祖母还会拍摄她花园里的植物，只是为了纪念一次特别繁盛的花期。在自然的细微之处，她找到了源源不断的兴趣与惊奇。

许多照片也展示了我的祖父母在户外用餐的场景，有时是在草地上的毯子上，有时则是坐在一张小折叠桌旁。我祖父过去经常把折叠桌椅和一个棕红色的皮革挎包放在他的黄色汽车的后备箱里，挎包里面有用保温杯装着的热气腾腾的咖啡、果汁，还有奶酪三明治和肉桂卷。在一些照片中，他们把桌椅摆在路边简朴的休息区；在另一些照片中，他们找到了一处视野极佳的位置，可以俯瞰绵延的牧场和被古老石墙分隔的农田，远处点缀着橙色瓦顶的小红房子。有时，他们甚至只是把小后院的露台家具搬到草地上。布置都很简单，但从他们的表情来看，仿佛他们正坐在一家五星级餐厅里，品尝着年份香槟和精致的俄罗斯鱼子酱。对他们来说，在蓝天下用餐是最极致的享受。

后来，我也出现在了这些照片中：在动物园里抚摸山羊；在祖父母的后院摇摇晃晃地站上我的第一个越野滑雪板；站在原始森林中的一块大岩石上。小时候我并没有特别注意这些，但随着年龄的增长，我意识到，他们几乎带我去了每一个离家两小时车程内的自然保护区、文化遗址和国家公园。当他们带我去拉普兰德时，他们把对那片崎岖山地的花草树木的热爱传给了我，这成为我永恒的珍藏。

回到墓地，我为手中的紫色三色堇挖了个小坑。马娅则站在我弯下的背后，希望能发现一条蚯蚓。她很快就找到了，并把它放在手心里。“看，诺拉！一条蚯蚓！”她兴奋地叫道，仿佛发现了一只彩虹色的小独角兽。幸运的是，我很快又找到了一条给诺拉，她把蚯蚓举到阳光下，小心翼翼地观察着。在我把两株三色堇种好后，马娅和诺拉轻轻地把蚯蚓放在花旁，目不转睛地看着它们钻进潮湿的黑土中。随后，她们开始收集松果和地衣，装饰曾祖父母的墓地。当她们完成时，马娅满意地看着墓地，说：“看起来真漂亮。可惜曾祖母看不到了。”

“谁知道呢？也许她能看到。”我答道。“对啊，可能她在天上看着我们。”马娅说。

在我们离开之前，马娅和诺拉脱下鞋子，牵着手，开始在墓碑上转圈，越转越快，把祖父母的安息之地变成了一个即兴的游乐场。我的第一反应是感到惊讶，担心有人看见会觉得不敬。但随后，我想起了祖父和祖母，我知道他们绝不会觉得这是不尊重的行为。我几乎能听到祖母在我脑海中说：“继续玩吧，我的小淘气们，继续玩下去。”

绿色时间：把手机从孩子手中抢走的秘密武器

网络上有一个广为流传的“梗”：“孩子们不会记得他们看电视最开心的一天。”这个“梗”以多种形式被重新创作，但通常配有描绘理想童年的浪漫图片：背着老式书包的孩子们走在林间小路上；一个男孩和他的父亲骑在马上，注视着一群牛；孩子们在夕阳下奔跑着穿过田野。虽然作者不详，但这个“梗”已经被转发了数千次，显然它引起了很多人的共鸣。虽然我清楚地记得自己五年级时因为生病在家看了一整天的《荆棘鸟》，如同记得在拉普兰德嬉戏的时光那般清晰，但这个“梗”确实有些道理。研究表明，我们更容易记住那些调动全身感官的经历。而大自然恰好提供了这种体验。这就是为什么当研究人员请人们分享童年记忆时，他们常常会回想起在户外发生的事情——和朋友在特别的藏身处玩耍、和家人一起露营、体验各种各样的天气。

这个“梗”还反映了我们希望给孩子们提供优质的现实生活体验的愿望，远离屏幕——如电视、游戏机、DVD、平板电脑、电脑、智能手机，远离社交媒体的干扰。我祖父母那时不用担心与 iPad 竞争孩子的注意力。马娅两岁时，我买了我的第一部 iPhone，而她只花了那么几分钟就学会了怎么操作它。后来，我装了几个游戏，想着可以在看牙医时打发时间。那是在我意识到触摸屏对她而言就像是一种电子“童年毒品”之前，屏幕比巧克力还要令她上瘾。当她三四岁时，我们买了第一台 Kindle，我以为这能帮助我们打发前往瑞典的近 20 小时的时光，毕竟我要带着一个幼儿和一个婴儿。结果真是大错特错。到她 5 岁时，马娅会在周六早上 6 点叫醒我，恳求给她平板电脑，这样她就可以继续玩《糖果传奇》了。光是那个游戏的背景音乐就让我怀念家里常放的《我爱你》这首歌了。

当时，我非常后悔把平板电脑带进了家里，暗地里想让它从哪儿来的回哪儿去，当然我得先找到一些特别的工具把它彻底毁掉。当马娅 6 岁时，我终于得到了我所希望的结果，但方式出乎我的意料。当时，我正开着租来的车在意大利一个繁忙的环岛中穿梭，一路鸣笛声不断、司机疯狂变换着车道，因 GPS 故障，我在两个指向罗马的出口牌前左右为难。而就在这个时候，马娅因为看平板电脑晕车了，接着，平板电脑坏了。幸运的是，坐在车里的还有她们的表哥奥利弗，他的 iPad 还能用，尽管他有些不情愿，但最终还是在接下来的两小时里和我们分享了他的 iPad。然而，看到他们不停地因 Kindle 坏掉而争抢 iPad，我发誓，永远不会再让我的孩子在车上依赖电子娱乐。

整整一年，那台 Kindle 被扔在抽屉里无人问津，主要是因为我不知道该如何以环保的方式处理它。孩子们慢慢习惯了没有平板电脑的日子，在车后座上有着几件玩具和一些蜡笔，经历 6 小时的长途车程也不再抱怨。不知怎么回事，那台 Kindle 突然“复活”了。“妈妈！ Kindle 能用了！”某天早晨，马娅兴奋地喊道。

我试着接受它，告诉自己尽管我是老一辈的人，但电子产品会成为孩子们未来的一部分，我知道数字媒体对她们未来会有帮助。再说了，我觉得如果直接禁止使用 Kindle，反而会让它更具吸引力。于是，我删除了《糖果传奇》，限制她们周末才能玩游戏，并试图引导她们使用一些教育类的应用（虽然她们很快就失去了兴趣）。最终，因为我厌倦了孩子们为唯一一台 Kindle 争吵不休，我决定给诺拉买一台自己的 Kindle。

即便我们设立了新规矩，平衡她们的屏幕时间和绿色时间，我仍然需要做出相当大的努力。当马娅 7 岁、诺拉 4 岁时，正好在我们离开瑞典之前，我开始怀疑自己是不是在打一场必输的仗。诺拉的学前班让孩子们在圣诞节时写下了愿望清单，她的同学们列出了像特种部队人偶、乐高和宠物乌龟这样的礼物，而诺拉的清单上排在首位的却是 iPhone，紧随其后的是笔记本电脑。不久之后，马娅告诉我："我喜欢在外面玩，但我更喜欢玩《我的世界》。" 我知道这是个 "第一世界问题"[①]，但我仍然感到自己失败了。

根据凯撒家庭基金会 2010 年的一项研究，美国 8 ～ 18 岁的孩子每天花费超过 7.5 小时在娱乐媒体上，还不包括发短信。这意味着他们每周花费近 53 小时，甚至超过了上学的时间。而年幼的孩子也差不多。尼尔森公司 2009 年的一项调查显示，美国 2 ～ 5 岁的孩子每天花费在电视屏幕前的时间超过 4.5 小时，还不包括玩电子游戏的时间。而当时，智能手机仍是新鲜事物，iPad 还没问世。相比之下，2014 年，斯堪的纳维亚国家的学龄前儿童每天看电视的时间仅为 1 ～ 1.5 小时。过度使用数字娱乐可能造就了如今一批又一批 "不会" 在户外玩耍的儿童。这一现象常常引发我这一代人及更年长的美国人的抱怨。而且，显而易见，孩子每天花费 4.5 小时看电视，如果再加上玩电子游戏、上学、参加课后活动、做作业、吃饭和睡觉的时间，哪里还有时间在后院搭建堡垒？

我的孩子们的屏幕使用时间远没有达到上述那些数字，但我还是决定在家里严格限制屏幕时间。除了户外玩耍带来的身心益处，我不希望我的女儿们失去对 "慢节奏" 娱乐的兴趣，这些娱乐方式往往是在大自然中才能体验的，或是她们用简单的工具进行想象性和创造性游戏的能力，无论她们是在意大利租的车里还是其他地方。我每天花费足够多的时间对着屏幕工作，是以心里很清楚绝不能让它们吞噬我的孩子们的童年。

① 当你为头发缺少光泽而苦恼时，非洲贫困国家的人却在忍饥挨饿，为明天的粮食发愁，相比之下，你的烦恼是那么无足轻重，这种琐碎的问题就叫 "第一世界问题"。——编者注

到我们准备搬去瑞典的时候，我已经厌倦了孩子们不断争取更多的屏幕使用时间，也好奇我们的搬家会如何改变这一状态。众所周知，斯堪的纳维亚人对新科技有着强烈的需求，瑞典几乎已经将生活中的每个方面都数字化了，从每家每户静静地在院子里工作的电池驱动的割草机，到完全取消现金支付、只接受电子支付的商店和餐馆。90% 的瑞典家庭有宽带，97% 的人拥有手机。许多流行的电脑游戏，包括《我的世界》《糖果传奇》等，都是瑞典人开发的，此外他们还开发了世界上知名的免费通话服务应用和音乐应用。2005 年，瑞典儿童首次使用互联网的平均年龄是 9 岁，根据瑞典媒体委员会的数据，平板电脑的普及使得更小的孩子也很容易接触游戏和互联网。如今，超过一半的 3 岁孩子已经使用过互联网，15% 的 2 岁孩子每天都上网。到 2014 年，多达 80% 的瑞典 2 ～ 4 岁儿童在家使用平板电脑，12% 的孩子拥有自己的平板电脑，这一数字是 2012—2013 年的调查数据的 4 倍。

虽然瑞典孩子看电视的时间比美国孩子少得多，但在新技术的使用上，他们似乎同样沉迷或者更加沉迷。

考虑到瑞典人对新鲜空气和户外游戏的热情，我感到惊讶的是，我最初竟找不到关于儿童媒体使用的国家指导方针。向专家寻求建议时，感觉像是在听善待动物组织的激进分子与养猪户辩论屠宰猪的优劣。一方面，有知名儿科医生、坐落于瑞典首都斯德哥尔摩的卡罗林斯卡学院的资深教授雨果 · 拉格克兰茨（Hugo Lagercrantz）主张 2 岁及以下的儿童不应接触任何屏幕，因为他们最需要的是与照护者的直接接触，过多的屏幕时间“会割裂孩子的生活，导致注意力不集中、语言发展和阅读能力受损，以及肥胖”。另一方面，有些专家指责拉格克兰茨危言耸听，认为他没有充分的科学依据支持他的建议，还认为屏幕上做什么比做多久更重要。有些人甚至认为“屏幕时间”这个词已经过时且不合时宜，因为我们大多数人几乎随时都能使用口袋里的强大计算机（手机），随时上网。

几乎每一项彻底改变我们日常生活的新技术都伴随着某种道德恐慌，尤其是涉及对儿童和女性的影响时。还记得那些关于坐火车会导致女性子宫脱落的传闻吗？不过，尽管完全杜绝电子产品对婴幼儿最有利的说法已受到质疑，但专家们似乎一致认为，婴幼儿健康发育最需要的是与关爱他们的成年人在现实世界中的互动。偶尔使用平板电脑或看电视节目不会像某些耸人听闻的报道所说的那样对孩子的大脑造成损害。如果在成人的引导下使用，甚至可以促进认知能力的发展。然而，关键在于适度。根据美国国家卫生研究院的说法，过度使用屏幕的副作用是真实存在的，比如可能导致失眠、注意力不集中、焦虑、抑郁和肥胖。

考虑到这些情况，我发现关于屏幕时间的最佳建议来自《瑞典全国护理和助产手册》。这本手册从孩子出生直到入学，在定期体检时为所有瑞典家长提供建议。手册指出，提供关于屏幕使用时间的建议并不容易，因为从在平板电脑上玩教育类游戏，到被动地观看电影等各种活动的时间，都可以算作屏幕使用时间。“只要家庭还会花时间进行更多的积极交流，保持身体的活动并进行适当的户外活动，电子产品也可以对孩子产生多方面的积极影响。”

什么时候使用电子产品，使用多久，以及使用什么类型的应用，取决于孩子各自的年龄、性格以及他们参与其他活动的程度。手册建议，如果屏幕时间引发了家庭冲突，可以制定一些固定的规则，比如设定每天的屏幕使用时间上限，或者在每周的某些时段禁止使用电子产品。此外，在家中设立无屏幕区域也有帮助，比如儿童卧室或用餐时的餐桌。

助产士洛塔·博林指出，屏幕使用时间对某些父母来说可能是一个敏感话题，因为它通常是家长为自己争取一些独处时间的方式。她说：

"对于 3 岁以下的孩子，我们建议每天的屏幕时间最好控制在半小时以内，最好有成人的陪伴。有些儿童节目紧张刺激、充满动作场景，所以我们推荐选择一些相对安静的节目，然后可以逐渐延长他们观看的时间。"

当我刚开始计划去瑞典的行程时，我曾考虑过将平板电脑留在家里，完全戒断平板电脑 6 个月。但后来我想到，孩子们已经有很多变化需要适应，比如住在一所小小的老房子里，只有少数常用玩具。因此，平板电脑也被带了过来，但屏幕时间限制依然和在美国时一样。然而，在瑞典生活了几个月后，我发现自己放宽了这些规定。大部分时间里诺拉都在幼儿园，那里没有电视，孩子也很少使用 iPad，所以她的屏幕时间大幅减少，户外活动时间显著增加。在马娅的学校，低年级学生很少用到平板电脑，她在课间、"课外活动"项目和放学后也获得了大量的户外运动时间。虽然我们仍然把电脑游戏留到周末，但在工作日，两姐妹有时会用平板电脑做数学题，看着音乐视频跳舞、唱歌，偶尔还会用它上网查找一些信息。以前在美国时，我每天结束工作后最大的挑战就是如何让孩子们尽量多地去户外活动，同时还要准备晚餐、做家务、帮助她们完成作业，以及做其他一切让家庭运转的小事。我们每天都能出去活动，但并不能在户外待很久。而在瑞典，我有了来自各方的帮助，孩子们每天在户外活动的时间都很充足。这种变化对我来说实在是太美好了，甚至无法用语言形容。现在，我第一次觉得我们在绿色时间和屏幕时间之间找到了完美的平衡。

一个星期五，马娅的朋友丽芙放学后来家里过夜。她们像往常一样在外面玩耍，不一会儿，我注意到她们从树林里带回来一堆形形色色的自然物品：一小束黄色的款冬花和白色银莲花，三个松果（一个完好无损，两个被松鼠咬掉了一些），一些松枝，蓝莓树上的一根树枝，还有各种各样的叶子。她们在前廊上将所有物品排成一行，然后进来拿白纸、彩色铅笔和马娅的 Kindle。马娅兴奋地宣布："我们要做一本自然杂志！我们要在谷歌上查找资料，然后写一本自己的书。我们将成为作家！"

接下来的一个半小时里，马娅和丽芙神神秘秘地在门廊上埋头忙碌。最后，她们做出了一本 12 页的"杂志"，名为"自然知识"。每一页上，她们都仔细地画下了收集的某一件物品，并写了几句话介绍它。书的封底写着："这是一本有趣的书，关于自然。"马娅自豪地说："我们明天要给全班读这本书，还要做几本副本，还想问问能不能把其中的一本放进图书馆。"

果不其然，第二天，我惊讶地得知我那一向害羞的女儿和她的朋友已经在班上给全体同学朗读了她们的作品。

我和马娅一样为这本"杂志"感到骄傲，但我的自豪感与她在一年级获得荣誉时我所感受到的那种自豪感不同。这次，马娅运用了学术研究的方法、数字技能和现实生活中的技能，并凭借她的创造力和想象力，自主构思了这个项目。她与朋友合作完成并展示了这个项目，全程没有任何来自我的提示和帮助。她们完全自主地完成了这个项目，而且她们在这个过程中还玩得很开心。对我来说，这代表了真正的自主学习，是自主学习的最好体现。

到目前为止，我一直成功地控制着马娅对手机的强烈请求，但我知道，她在美国的一些朋友已经开始用手机，她拥有手机的那一天迟早会到来。在此之前，我希望能尽一切努力保护她的好奇心——我们天生对世界怀有的那种充满无限可能性的感觉，并让她的脚继续牢牢地扎根在后院那片充满生机的自然环境中。尽管限制了屏幕时间，但我深知，培养她对自然的热爱和抵制久坐不动的生活方式的最好方法，是尽可能多地给她提供优质的户外体验。孩子们已经有了良好的开端，但一旦马娅接触到充斥着各类社交媒体和片刻不停的短信息的世界，所有的努力可能都会付诸东流。那时，我将不大能管控她如何使用数字媒体，我只能希望我已经让她拥有了健康的习惯。有些未来的世界，我永远也无法理解；有些数字世界的东西，她可能会在长大后自然而然地失去兴趣；而另一些东西却会永恒地塑造她的身份，这些是我这一代未曾经历过的。内心深处，我感到一种迫切的冲动——现在正是巩固她对大自然的热爱、培养她的户外冒险精神，并帮助她形成一生难忘的记忆的关键时刻。

现在是时候带她去拉普兰德了。

野外徒步：亲子关系的“增稠剂”

多年来，我一直考虑重返拉普兰德，但当祖母去世后，这次旅程从一个模糊的愿望变成了一场个人的朝圣之旅。我必须踏上这段旅程，才能找到内心的平静，并向逝去的生命致敬。这次旅行也将在某种程度上将我祖父母的生活、我自己的童年与我大女儿的生活联系在一起。我曾一度（实际上也就一秒钟的时间）考虑也带诺拉来，因为她对户外活动的兴趣似乎有所增长，这要归功于她的新幼儿园的日常生活。然而她对徒步旅行的热情时有时无，完全取决于她当天的心情如何。有时我能带她走 6 公里，她会笑容满面，心情愉悦；但有时只要让她走 100 多米，她就会夸张地倒在地上尖叫，说自己腿断了。于是，只能让她错过这次旅行了，而她对此并没有太大的遗憾。

当我告诉妈妈我的计划并向她征求建议时，她很兴奋。“你当然应该去山里！”她狡黠地笑着说，“我就是在那儿怀上你的，在挪威的一个帐篷里。我记得确切的地点和——”在她讲完之前，我赶紧打断了她。“我其实想问的是你有没有关于住宿或徒步旅行的建议，任何相关的建议都行。”但这些她已经记不清了，至少她当年在山里过得很愉快。

我姐姐对拉普兰德的记忆则略微显得不那么浪漫。“我只记得那些蚊子，又大又多。记得多带些防蚊喷雾。”

爸爸从小多次跟随我祖父母去拉普兰德旅行，倒是更能帮得上忙。他告诉我关于比约克利登小度假村的旅馆的信息，它曾由瑞典国有铁路公司运营，为我祖父这样的公务员提供休息和娱乐。他还谈到了山区冰雪大融化时，下游的水流可能湍急而难以穿越。然后，他建议我不要过于雄心勃勃，带着马娅去山上露营。

“那个季节，山上会很冷，尤其是在晚上。托讷湖可能还结着冰。”他说的这个湖深达 167 米，是古代冰川的遗迹，也是瑞典最长的湖之一。至少我们不需要担心蚊子。我们计划在 6 月初出发，那时拉普兰德的温度还不足以让蚊子大量繁殖。

这次旅行将为我们在瑞典的时光画上句号，马娅和我从拉普兰德返回后的第二天，就会飞回美国。不过在此之前，我们还有几个星期的时间，并且还有一些未完成的事情要处理。首先是两个女孩的家长会，或者更确切地说，是家长和学生共同参与的会议。因为在瑞典，孩子也是这些对话的积极参与者。

当我们走进她的教室时，马娅显得非常兴奋和活跃，与 5 个月前那个腼腆、拘谨、沉默的女孩完全不同。虽然只过了 5 个月，却感觉像是一生那么长。她的老师苏珊娜首先向她提了一些问题，询问她对学校的看法，喜欢什么，觉得自己擅长什么，她如何看待学校里的老师，跟谁一起玩，以及她对上学的感受。她甚至还问了她对学校午餐的看法。

“学生的幸福感非常重要。”苏珊娜解释说，“我们希望他们喜欢来这里上学，并待在这里，因为如果他们不开心，其他一切都不会顺利。玩耍、交朋友、享受学校生活是非常重要的。”

瑞典学生在六年级之前不会有分等级的成绩，但老师会记录他们的学习进展，并根据国家课程标准判断他们的成绩是否低于、达到或高于年级要求。最终，苏珊娜递给我一张马娅的成绩单：她在所有科目中都达到了年级水平，在英语和瑞典语上更是超出了年级水平。我完全没想到她的瑞典语成绩竟这么好。但最重要的进步可能是在那些客观上无法轻易衡量的方面。“一开始我能看出你很安静，”她对马娅说，“但我认为，你做出了相当多的努力，敢于在全班同学面前发言了。我能感觉到你在这里很安心，而在这种情况下，你自然就会变得更加自信。”

同一周的晚些时候，诺拉也跟我一起参与了家长会，分享她在幼儿园喜欢什么，有没有想念美国的地方。不过，首先是幼儿园的老师埃伦提出了一系列用于评估孩子的问题。诺拉如何表现出与他人合作的兴趣？她如何表现出对他人的关心？她如何表达自己的想法和意见？埃伦告诉我，诺拉在幼儿园里很开心，总能找到事情做，经常和像柯丝廷这样的朋友一起玩，但有时也独自玩。她喜欢做手工、画画、编织，在沙坑里玩耍，以及用橡皮泥雕刻。埃伦称赞了诺拉的运动技能和瑞典语能力，并说她很有创造力和想象力。埃伦并不关心诺拉是否能数到10、20或100，但我们花了很长时间讨论她对数学表现出的兴趣。

埃伦告诉我，几周前另一位幼儿园老师巴布罗曾和一些孩子一起做了一个关于数学的活动。她拿出一个托盘，上面随机放了一些物品：一只蝴蝶、一卷胶带、一把刷子、一个小精灵娃娃和一些玩具厨房的东西。然后，孩子们的任务是将两件物品配对并解释为什么认为它们属于一组。诺拉是第一个选择的，她选了蝴蝶和小精灵娃娃。

“一开始巴布罗感到很惊讶，不明白诺拉为什么会把它们放在一起。”埃伦说，“但随后诺拉解释说它们都属于大自然。我们觉得这是一个非常聪明的回答。”

如果我之前还以为幼儿园的数学只不过是“1 加 1 等于 2”，那么诺拉的老师们向我展示了数学不单单是数字。

就在我们即将前往拉普兰德的几周前，我将车停在了幼儿园门前。孩子们像往常一样都在外面玩耍，有的在穿过庭院的道路上骑着三轮车来回竞赛，有的在沙坑区建造城堡。最近我经常这样做：坐在车里，远远地观察这幅画面。我花了好一会儿才找到诺拉，她骑着一辆红色的三轮车，穿着膝盖处磨薄的牛仔裤、一件红色 T 恤，戴着她那顶粉色的《冰雪奇缘》棒球帽，快速地骑着车打圈，圈子越来越小，显然她很享受那种速度感和轻微的失控感。她的脸上满是沙坑的灰尘，牛仔裤上沾满了草渍。她才 5 岁，但在过去的几个月里明显长高了。她的婴儿肥肚子正迅速变小，她已经开始要求打耳洞了。再过 3 个月，她就要开始上学前班了。此刻我脑海中想的全是那些“最后一次”——她最后一次在外面玩泥饼、骑三轮车、画树枝、躺在树下发呆。当然，我希望她长大，但我忍不住担心，一旦我们回到美国，她的童年会不会消逝得太快。

当我走到绿色的金属大门前，看到她脸上因见到我绽放出的大大的笑容时，我努力忍住泪水。

近 6 个月来，我们一直住在一间 46 平方米左右的房子里，共用一个卧室和一个小浴室。浴室的热水只能维持约 4 分钟。我的衣橱简陋到让极简主义者近藤麻理惠看起来都像个囤积者，而孩子们也比我想象中拥有的玩具更少。更令人惊讶的是，她们一次也没有对我说过无聊。当然，我偶尔也会怀念我们以前的生活，那时我们能够独自睡在自己的卧室，关掉所有的灯，在瑞典这一切成了奢侈的事，但我也发现了一种新的简单的生活方式，这种感觉让人如释重负。

在最后一周里，我们把在瑞典的“日子”收拾进了 3 个手提箱、6 个手提背包和带轮子的袋子里。剩下的东西都装在了纸袋里：3 个装着可回收物，2 个放着捐赠品，还有 2 个用来装我妈妈剩下的食物。她也会把诺拉在学前班种植的辣椒切好放在一个果汁盒里。

在搬走之前，我们最后一次走在家附近的自然保护区里。和往常一样，当两个女孩都和我在一起时，我们走得不快。路上有太多东西吸引她们的注意力。一只甲虫拖着另一只甲虫；一棵倒下的树看起来就像在等着她们爬上去；还有一队蚂蚁穿过了我们的路。“看，诺拉！蚂蚁们正在合作把食物运回蚁巢！”马娅仔细看了一眼，喊道。然而，诺拉并没有理会她，她正忙着大口吃着酢浆草，这是一种可食用的野生植物，孩子们都很喜欢。我坐在一截长满苔藓的树桩上，伴着午后的阳光，让这一刻的宁静时光温暖着我。

在我们回来的路上，在童子军驻扎的小屋附近，一只小青蛙从小径上跳了出来。像一个熟练的猎人，马娅用一只手轻松地抓住了它。女孩们玩了一会儿，我建议是时候继续向前了。

“诺拉，青蛙属于森林这里，”她严肃地对妹妹说道，“我们得把它放走。”“但我真的想把它当宠物养。”诺拉失望地说，几乎要哭了。“没关系，诺拉。别伤心。我们可以从 Facebook 上再订购一只。”诺拉并不完全清楚什么是 Facebook。事实上，她也不知道社交媒体网站通常不是人们会去购买宠物青蛙的地方，但这些都无关紧要。姐姐的安慰让她安下了心，在傍晚的余晖下，夏日的风阵阵吹来，我们也结束了这次散步。

几天后，便是马娅学校的毕业典礼了。学校在当地教堂举行了这场仪式，长椅上装饰着紫色的鲁冰花，节目单上全是赞美自然和夏天的圣歌，让人想起了鲜花盛开的草地、缠绕在稻草上的野生草莓，以及刚刚被放养于夏季牧场的奶牛。其中几首歌正是我小时候参加毕业典礼时唱的，仿佛是久远的记忆重现。其中一首《赤脚歌》正如歌名一样，是一首赞美赤脚奔跑的歌。到了校长发表传统演讲的时候，这也成了她的主题之一。“你们在屋里被关得太久了，你的脚被鞋子束缚住了。”她对学校 80 多名学生说道，“现在是时候脱下鞋子，赤脚走路了。答应我，你们会这样做！”

孩子们会将她的话记住的。

仪式结束后，我们去了我妈妈家，为我和马娅当晚晚些时候飞往拉普兰德的基律纳市做准备。在我以前的生活中，在我有孩子之前，我曾经是个很有条理的人。我习惯提前计划，制作清单。我是少数会提前到达派对地点的人。我承认，这甚至有点烦人。现在，在我们飞行开始的几小时前，我坐在这里，想知道我是否应该像一些极限冒险家所做的那样，把牙刷的手柄剪掉，以尽量减轻重量，或者扔掉我的除臭剂，为马娅最喜欢的毛绒动物——一只叫佩莱的旧猫咪玩偶腾出空间，这样我的背包会更适合徒步旅行。最后，我选择扔掉我的羊毛内衣和其他一些备用的衣服。至于这是不是一个明智的决定，只能日后见分晓了。

我还带了我祖母最喜欢的项链——一条简单的银色心形吊坠链，她过去每天都戴着。自从她几年前去世后，我一直小心翼翼地保管着它。当她去世时，我本想把她的一些骨灰撒在拉普兰德的山区，那是她和我祖父深爱并多次重游的地方，但殡仪馆告诉我，根据瑞典法律，火化后的骨灰不能分开。于是，我决定把项链埋在拉普兰德的某个地方，这样，祖母的一部分将永远留在这片山中。

我们终于抵达了目的地——比约克利登，一个只有29位居民的小镇，其中20位是退休人员。这是镇上唯一一家餐馆的老板告诉我们的。除了一群意大利的外籍劳工和几对乘坐房车经过的老年夫妇，整个地方似乎都归我们所有。这里的宁静偶尔会被打破，那是载着宝贵铁矿的重型货运列车从基律纳的矿区经过，驶向挪威海岸的港口时发出的隆隆声。

那天晚上，我们跟随着特有的石堆标记，沿着山中的小路走，一直走到积雪处。马娅在一些较大的雪地里临时搭了条滑道。虽然天空阴沉沉的，我们没有看到午夜太阳，但我们仍可以将湖泊和远处著名的管状峡谷尽收眼底。感觉就像祖父母的照片画面突然跳了出来，变成了现实。

> 当我们到达另一座山峰时，山顶的风很大，右边山上的水流倾泻而下。“你要把曾祖母的项链留在这儿吗？”马娅问。
>
> “我不知道。你觉得呢？”
>
> “我认为你应该留下它。这样你可以一直带着她的一部分。如果你把项链留在这里，曾祖母会感到孤单的。”马娅说。
>
> “你说得对。我还没有想到这一点。”

第二天，我们冒着细雨徒步11公里，到达了另一个小镇阿比斯库，我在那里的一家旅馆预订了一间私人包房。尽管这个小镇要大些，有一家杂货店，有100多户常住居民，但这里同样安静。旅馆门上有一张告示，写着“前台偶尔有人值班，没人时自助办理”。幸运的是，我们遇到了哈桑——一位30岁的雪橇犬司机，他同时也是旅馆的“百事通”。他带我们参观了卧室、公共厨房和浴室，并告诉我们如何使用桑拿房。在瑞典的这片地区，桑拿房是必备的。

"如果你有任何问题，请告诉我。"哈桑说，然后准备离开。

"我们房间的钥匙呢？"

哈桑微笑着摇了摇头。"这里没有钥匙。"

我盯着他看，不知所措，很想确定他是在开玩笑。但他没有。不过，他看起来很享受我的反应。

"我们这里不用钥匙。欢迎来到拉普兰德！"

在接下来的 3 天里，马娅和我进入了一种新的节奏，早上出发徒步旅行，下午回来打个盹儿，然后傍晚再徒步旅行。我们在山顶上遇到了一场突如其来的暴风雪，并探索了一个由萨米人建造的营地。萨米人是斯堪的纳维亚半岛北部的半游牧原住民，以饲养驯鹿为生。哈桑带我们看了两次整个夏天都在休息的雪橇犬。

在我们旅程的最后一天，马娅想一路徒步到拉普顿山谷，来回至少 24 公里。我怀疑这可能有点超出了她的承受能力，但无论如何我们都决定试一试。在路上，马娅精心规划了回到美国后她要在我们家后面的树林里建造的树屋。

"我们需要两张双层床，一张给我和诺拉用，一张给客人用。我们需要一台电视和一个能做饭的厨房。厨房里，白色袋子装垃圾，黑色袋子装堆肥。"她说着，随后又补充道，"我们也需要一个厕所。"

"亲爱的，这听起来更像是一间豪华公寓，而不是一间树屋。"我插话道。

"那我们能有个厕所吗？"

"不行！"

"那一个便盆呢？"

"也不行！你可以在地上挖个洞。怎么样？"

“好吧，那也行。”

在一片茂密的白桦林中穿行了大约6公里后，我们到达了一片空地，一群驯鹿正前往新牧场。当我们在一块平坦的岩石上吃午饭时，它们竖起鹿角，警惕地从远处看着，谨慎却不害怕。有一段时间，我们只是坐在那里，欣赏这一切——放养的动物，被雪覆盖的山峰、起伏的山脉，崎岖的草地，微小而顽强的野花。我从风衣下面拽出银项链，手指不停地滑动着链子上小小的心形吊坠，就像过去几周我一直做的那样。然后，我决定是时候放手了。

“这个给你。”我对马娅说，把项链戴在她的脖子上。“谢谢你陪我一起来拉普兰德。曾祖母一定会为你感到骄傲的。”

她摆弄着那颗银色的“心”，带着难以置信的微笑看着我。

“幸好我陪你来了，这样我才能救下这条项链。”她骄傲地说。

“是的，没错。”

两天后，我们再次收拾行李，准备飞回美国时，她仍然戴着那条项链。

我爸爸开着那辆老旅行车送我们去机场。好笑的是，车载电台里播放的是乔纳斯·布鲁的《飞车》(*Fast Car*)。他看起来很健康，去年夏天那张凹陷的脸庞如今已经饱满起来，海边的悠闲时光让他晒黑了。只看他的样子，没有人会猜到他刚刚结束将近6个月的预防性化疗。分别的时候，我和孩子们走向安检口，他最后说：“以后视频聊。”

我们踏上了回家的旅程。

户外生活
小贴士

There's No
Such Thing As
Bad Weather

带孩子一起徒步旅行的 9 个技巧（如何避免被气疯）

徒步旅行通常是许多新手父母选择的首项亲子户外活动，因为它不需要太多的装备或计划，背着婴儿就可以了。而且一家人一般不会去离家很远的地方。但当孩子不再适合被背着，而你又希望他自己走路时，情况就不一样了。尽管有些孩子天生喜欢走路，很乐意走到天荒地老，但有些孩子则面对几百米的距离都望而却步。如果你的孩子属于后者，请放心，和他一起徒步还是有希望的。你可以从以下几条建议做起：

1. 不要着急。如果你想在规定的时间内沿着固定路线快速走一圈并回来，你的徒步旅行肯定会变成一场灾难。对于一个蹒跚学步的孩子来说，走完 1 公里可能需要 2 小时，也可能只需要半小时。请做好一切心理准备。

2. 日积月累。如果你的孩子不喜欢户外活动，而你也不想再抱着他走路，那就多尝试短距离的徒步旅行，不要一次走太远，循序渐进更有可能成功。即便孩子在中途情绪崩溃，至少你不用抱着他走很远的路回家。

3. 根据天气穿衣。着装可能会决定徒步活动的成败。如果孩子对应该穿什么有自己的想法（通常情况下，会穿得比你认为合适的要少），除非气温低到危险的程度，否则不要与之抗争。带上备用的衣服，这样当孩子开始抱怨手冷时，你就不会没有准备。

4. 让孩子成为带队者。孩子和狗狗喜欢走在队伍的前面，所以随他们去吧。带领队伍能给孩子一种责任感，让他们在任务中成长。大一点的孩子还喜欢经常看地图。如果你有不止一个孩子，让他们轮流来带队，避免兄弟姐妹之间的争斗。

5. 沿路寻找有趣的东西。你可能享受的是风景和到达下一路标的成就感，但你的孩子很可能对看蚁群或玩地上漂亮的树叶更感兴趣。在旅途中要注意什么能激起孩子的好奇心，并尽可能地鼓励孩子。

6. 选择适合儿童的步道。提前研究，找到有很多不同地形的小径，这样可以激发孩子的冒险精神和丰富的想象力。岩石、台阶、倒下的树木、桥梁和水域通常是孩子们的心头好。

7. 带上野餐的食物（和应急零食）。食物和户外活动就像一个豆荚里的两颗豌豆。徒步旅行中停下来吃饭休息，让每个人都有机会重新充电。提前告诉孩子有一份热巧克力之类的特殊美味，让徒步旅行成为一个特殊的时刻。一定要带上一些应急零食——就算时不时需要用零食贿赂孩子继续前进，也没有人会批评你。

8. 带上你的宠物朋友。孩子们在路上和狗狗一起玩闹可以避免一直走路的无聊感，狗狗们也很喜欢。

9. 找到你的"徒步搭子"。徒步在有同伴的时候更有趣，对孩子和大人来说都是如此。美国许多地区都有团体会定期组织徒步活动。如果你所在的地方没有这种团体，为什么不自己组建一个呢？

There's No Such Thing As Bad Weather

北欧育儿秘诀 第 7 条

没有适合所有人的每日屏幕使用时长标准，因此需要找到适合你家人的平衡点。如果你发现电子产品占用了太多的户外活动、与孩子积极玩耍或家庭活动的时间，那就需要减少屏幕时间了。在家中创建无屏幕区域，或者确定一个无屏幕时间段，以及注意你自己日常使用数字媒体的情况，都会有所帮助。

推荐阅读：贾森·朗克尔·斯珀林（Jason Runkel Sperling）：《断网》（*Unplugged*），Kindle Edition，2016。

第 8 章

把大自然搬到身边来

无论室内还是户外

自然教育随处可以进行

* * *

There's
No Such Thing
As
Bad Weather

将让孩子出门玩耍视为正常的行为，甚至鼓励他们这么做。没有人想要成为最后一代还记得这种场景的人，没有人希望如此。

——理查德·洛夫

我们落地印第安纳州的时候已经是午夜了，但 6 月的炎热和潮湿依旧扑面而来。当我丈夫把车开进我们家车道时，我看到了一个熟悉的画面：数百只，甚至数千只萤火虫在房子后面的草地上方上下飞舞。这一幕总是反复出现，但我永远看不厌。

房子里的景象丝毫未变，仿佛时间并未流逝。冰箱上放着同样的圣诞和诗歌卡片磁贴，还有马娅和诺拉在学校通过阅读项目获得的快餐优惠券。在女孩们的房间里，她们在各种旅行和度假活动中收集的岩石和贝壳仍然整齐地放在书架上，旁边还有一个龟壳、一个浣熊头骨和几个装满鲨鱼牙齿的罐子。她们的毛绒玩具仍然整齐地摆放在床上。

在接下来的几周里，我们逐渐恢复了在美国的生活。对于仍在放暑假的女孩们来说，算得上是平稳过渡。在此期间，我不禁又开始思考这里的生活方式与瑞典的差异。

让自然成为孩子的日常

离开瑞典近15年后，又回到那里住了6个月，我意识到在某些方面，北欧面临着许多与美国相同的挑战。这是一种世界范围内的变化趋势，随着越来越多的儿童在城市长大，他们与大自然的距离越来越远。不过对比鲜明的是，我在斯德哥尔摩市中心的朋友们从公寓步行10分钟就可以进入一片较大的公共绿地，而我在印第安纳州农村的家，即使开车30分钟，能找到的绿地也很小。以美国的标准来看，北欧冒险游戏的传统仍然很盛行，但它明显比30年前衰微了。一些学校不再允许孩子们爬树或打雪仗，而且由于欧盟制定的规定，操场设备表面大多使用的是安全材料。

与此同时，一种被称为“培养巨婴”的强大趋势正在与培养韧性的传统相竞争，只为让孩子的生活尽可能顺利，不受逆境和负面情绪的困扰。虽然年幼的孩子仍有很多时间进行非结构化的游戏，但年龄较大的孩子面临的压力越来越大，因为一些家庭似乎认为繁忙的日程是一种时尚。一些年轻人代表报告说，家长们在有组织的体育运动中给孩子们施加了更大的压力。

在教育领域，PISA的高排名在北欧国家已经成了终极追求。哪怕有许多批评者指出该测试未能衡量学生的创造力、想象力和创业精神，也不是一个国家未来经济成功的风向标。一些批评人士担心，对PISA排名的日益关注可能会损害北欧的教育传统，导致出现更多的高风险考试，从而迫使教育工作者采取应试教育。卡尔·奥诺雷在《压力之下》一书中写道：“尽管学术界对此持严重怀疑态度，但PISA的结果已成为一种护身符，频繁登上头条新闻，并使排名靠后的国家陷入对教育标准下滑的恐慌中。”他指出，在丹麦，“只有中等水平的PISA成绩引发了人们的担忧，人们认为丹麦学校过于重视学生的幸福感”。

果不其然，2014 年，丹麦实施了一项全面的教育改革，旨在提高该国的 PISA 分数。改革措施包括延长上课时间，引入课后强制性的“家庭作业时间”。丹麦教育部长克里斯蒂娜·安托瑞尼（Christine Antorini）表示，进行改革是因为受到了 PISA 表现最好的国家的启发。

不过如今在北欧，让儿童与自然建立联系的最大挑战之一可能还是他们更沉迷使用数字设备的倾向。林雪平大学国家环境与户外教育中心主任安德斯·什切潘斯基说：“‘户外生活’的传统仍然是斯堪的纳维亚文化的重要组成部分，但无论你住在斯德哥尔摩、京都、柏林还是北京，问题都是同样的——孩子们喜欢待在家里玩电脑游戏，而且他们很少走动。”

在美国和斯堪的纳维亚半岛，解决这一问题需要的不仅仅是回忆我们自己没有网络的童年，比如想象一幅从日出到日落在树林里建造堡垒，渴了就从水管里直接喝水的画面。

蕾切尔·卡森（Rachel Carson）是一位美国环保主义者。她在 1962 年出版的《寂静的春天》（*Silent Spring*）一书中激发了现代环境保护运动。她写道：“如果一个孩子要保持他与生俱来的好奇心，他需要至少一个可以分享好奇感的成年人和他作伴，与他一起重新发现我们生活的世界的快乐、刺激和神秘。”我同意卡森的话，除了一点——我认为一个成年人是不够的。如果我们想让孩子充分接触大自然并从中受益，如果我们认为他们这样做对地球的未来至关重要，那么他们需要有一个社群。

斯堪的纳维亚地区的优势在于，已经有了一个强大的社会环境来培养和保护儿童与自然的联系。我很幸运，不仅在一片茂密的森林旁长大，而且周围的人都用自己的方式将我与自然世界联系起来，无论他们是否意识到了这一点。我爸爸从不称自己为户外爱好者，但他教我如何滑雪，并坚持每年夏天去露营。我妈妈喜欢带我们的狗在树林里散步，总是在花园里修修剪剪。我的外祖父母有一个很小的农场。我在那里对兔子产生了终身的热爱，对发出“嘎嘎”声的鹅有了深深的恐惧。我的祖父母让我明白，只要坐在草地上的毯子上，听着远处蜜蜂的嗡嗡声，一个简单的奶酪三明治也可以尝起来像高级美食。在我们的社区里，当孩子们独自探索树林和小镇时，邻居们帮助照顾彼此的孩子。当然还有幼儿园和小学老师带我们去森林，并且不论风霜雨雪，每天课间都让我们去户外休息。

我带着孩子回瑞典时，她们也看到了这样的社群，并融入了社群。她们周围的人都认为户外玩耍和亲身体验自然是美好童年的必要组成部分。而且得益于“公共通行权”，她们体验到了在森林里玩耍的意义，就好像森林属于自己一样。这里的公园和野地随处可见，即使在大城市中也是如此。无论天气如何，诺拉在学前班每天都去户外玩耍。她的同学就算不爱出门，也能够通过游览学校森林和进行户外活动与大自然建立有意义的联系。马娅接受了环境教育，并尝到了独自在外走动的滋味。在这里，无人看管的儿童在外步行仍然被看作正常现象，城市里也提供了可以步行的安全环境。最后，幸好有户外生活这项传统，这种将探索和享受自然当成生活重心的生活方式，哪怕是在家，也可以随时随地和自然保持联系。

在美国，我们需要建立自己的社群。虽然有一些州拥有与北欧相似的丰富且强大的户外文化，但其他州还有很长的路要走。即使以户外为生活中心的一部分的州，孩子们接触大自然的机会也往往取决于父母的经济能力和兴趣。

为了加强儿童与自然之间的联系，美国尝试了很多方案，然而这个国家幅员辽阔，生活方式多种多样，所以我们看到的解决方案往往是零散的，而不能适用于大多数人。理查德·洛夫是北美儿童与自然活动最杰出的梦想家之一，他认为接受“混合思维”（hybrid mind）——将自然和技术相结合，才是这一努力的关键。根据他的理论，混合思维将“提高我们的智力、创造性思维和生产力”，并可能引导人们创建可持续又与自然紧密连接的社区环境。在洛夫所设想的与自然紧密结合的社区中，学校会奖励那些让学生定期去户外学习的教师，儿科医生给肥胖儿童的诊断意见是多去户外锻炼，公民、企业和地方政府共同努力增加绿地，使社区更适合步行。

为了实现这一点，为了让儿童亲近自然的活动流行起来，他认为公众必须对儿童生活中的自然需求有越来越多的认识，与此同时，个人、家庭、社区和政府也要一起行动起来。“仅靠政府或大型机构无法创造一个与自然共生的文明。”他说，“长期运动需要个人、家庭、教堂、学校、祖父母和许多其他人的日常的小行动，这样才能推广开来。这些行动受到但不依赖于组织、计划、公共政策和专家的推动。”

洛夫看到了许多令人鼓舞的迹象，并称 2015 年是“新自然运动的丰收年”。例如，他提到之前有争议的《不让一个孩子掉队》法案被《每个学生都成功》法案所取代。后者支持实地研究，还要求学生学习、了解和保护环境。洛夫还指出，越来越多的医生开始提倡自然体验，鼓励人们外出锻炼。一些公司和政府机构投入了数百万美元的资金，旨在推动将儿童与自然联系起来的举措。同年，超过 140 万人响应了户外用品公司安伊艾（REI）发起的倡议——“黑色星期五去户外，而不是去购物中心”。

城市也能养育“自然的孩子”

我刚搬到美国时从未听过森林学校，以及其他关于自然的教育项目，现在这些都已陆续出现。不仅在靠近太平洋的西北部地区，而且在中西部和南部的农村地区，户外活动也开始兴起。根据自然启动联盟的数据，自 2006 年埃琳·肯尼等人共同创立美国第一所森林幼儿园以来，到 2017 年，北美以自然活动为教学基础的幼儿园数量增长到了 200 多所。这离每个孩子都能得到自然教育还有很长的路要走。在肯尼看来，繁复的政府法规、爱打官司的文化，以及许多新手父母没有意识到连续几小时在户外玩耍的好处，仍然是这场运动的主要障碍。尽管如此，森林幼儿园的出现仍是朝着正确方向迈出的一步。她说：“在这个国家，对三四岁孩子的学科能力的高期望肯定会有不良影响，这就是森林学校产生的原因。许多父母仍然有教育竞争的压力，但有些人开始说‘我能感觉到这不对’。”

美国一些地区也出现了强烈反对学校糟糕的课间休息政策和过度依赖高风险标准化考试的声音。“公平测试”是一个倡导组织。它声称，在佛罗里达州，家长们投诉了学校的学区总部，并游说州政府，为自己的孩子争取课间休息的权利。2015 年，全美近 70 万名学生的家长选择让孩子退出或抵制标准化考试。

与此同时，敬业的教育工作者正在为自然智能学校开辟一条道路。在佛蒙特州，公立幼儿园老师伊丽莎·明努奇（Eliza Minnucci）开始带着她的班级去森林，每周一天，风雨无阻。在得克萨斯州沃思堡，鹰山小学受到芬兰模式的启发，将幼儿园和一年级学生的课间休息时间增加了 3 倍。老师和家长都立即看到了积极的结果。俄勒冈州有着悠久的户外学习传统，立法者几乎一致投票决定为该州每一个五年级或六年级的学生提供为期一周的住宿式户外教学。在亚特兰大以南的查特胡奇河山特许学校[①]（Chattahoochee Hills Charter School），受到洛夫的《林间最后的小孩》一书的启发，350 名来自低收入家庭的幼儿园至六年级学生有三分之一的课堂时间在户外学习。到目前为止，学生生病请假的情况减少了，考试成绩也提高了。"当孩子们与大自然建立联系时，就会发生一些神奇的事情。"该校校长沃尔特·巴特勒（Walter Buttler）说。

在个人层面，父母正在与对陌生人的恐惧做斗争，通过积极行动增加社区的社会信任度，增进儿童在户外玩耍的自由。

在加利福尼亚州，科技企业家迈克尔·兰扎希望他的 3 个孩子生活在自己小时候那种适合孩子玩耍的社区，并通过邀请邻居的孩子到他家院子里玩来创造这种社区环境。他的作品《在邻近玩耍》(*Playborhood*)也在帮助其他人做同样的事情。

美国电影制作人艾米·斯蒂林在参观了丹麦垃圾游乐场"彩虹乐园"后受到了极大启发。她决定在佛罗里达州奥兰多的家后院为女儿贝拉建造一个"彩虹乐园"的微缩版。她说："我开始经常在前院晃荡，并做一些会将东西弹出门的游戏，以此来吸引附近的孩子。我把各种奇奇怪怪的东西留给他们，让他们在我们前院的草坪上玩，这就是我们的'孩子部落'最初的样子。"

艾米和附近父母们的友谊和信任与日俱增，最后将"部落"转移到后院。在这里，由于有一个绿色幕布的遮挡，她在房主协会的视线之外，逐渐创建了一个自然游乐区。里面有树木、棚屋、树桩、挖掘区、泥巴厨房、水池、各种零零散散的东西，以及一些传统的游乐场设施，

① 特许学校是指接受公共资金资助但独立运营的学校，不受地方教育部门的管辖，拥有更强的自主权。——译者注

如秋千、滑索和球形攀爬架。

艾米说："等贝拉 9 岁的时候，这里会有锯子、锤子和钉子。我们的后院绝不是一个展示品。这个环境的存在是为了满足孩子的需求，而不是符合我们的审美。我们发现，观察孩子的成长会带来更多的快乐。"

在过去的一年里，我也试着想办法鼓励我家所在的印第安纳州的人们进行户外运动，最终我找到了一些志同道合的人。在我们前往瑞典前的那个夏天，我参加了一项社区活动，改造了一个破旧不堪的城市游乐场。放学后我经常在那里和女儿们一起玩。当我们邀请附近的孩子们设计他们梦想中的游乐场时，我毫不惊讶地发现，他们大多数人想要的是象征简单、永恒的童年的树屋。因此，游乐场将以树屋为主题。这也是一个让孩子们可以接触大自然的地方。除了秋千和滑梯等传统的游乐场设施，最终设计还包括沙滩和水上游乐区、可攀爬的巨石、一条蜿蜒的小路，一个以本土植物为特色的蝴蝶园，以及一个像河床的喷水区。还有一个新的人造土堆将兼作雪橇山，使游乐场在冬天更具吸引力。也许我们过于乐观了，但我们希望如果建好了，孩子们愿意来玩。

教育的潮流好像终于要转向了，尤其是越来越多的美国父母似乎注意到，他们的孩子不像自己以前那样在外面玩耍，也没有那样的自由。许多人都开始意识到这是一个问题。有一天，我在社区游泳池偶遇了一位熟人，她有一个年幼的女儿。她平时要全职工作，很担心女儿暑假时久坐不动。

"孩子们需要在外面活动，而不是整天坐在电视机前。我小的时候没有有线电视，整天在外面玩。"她哀叹道。接着她告诉我，作为一名言语病理学家，她在工作中遇到了一些孩子，他们花了太多时间看电视，以至于缺乏编出一个简单故事的词汇量和想象力。"前几天我在网上看到了一段视频，讲的是欧洲的幼儿园，那里的孩子整天都在户外活动。那里好像被称为森林学校。你听说过吗？”

我忍不住笑了。我认识这位妈妈好几年了，从来没有想到她是户外运动的铁杆粉丝。“是的，我的确听说过。看起来确实很棒，不是吗？”

从瑞典回来后，在那个炎热的夏天，我们在游泳池里度过了很多时光。但随着一天又一天的懒散生活过去，我注意到，马娅和诺拉不太可能在没有瑞典朋友的情况下，独自待在外面玩半小时以上了。这意味着我得重新担任组织户外游戏和活动的啦啦队队长。效果似乎还不错，在我们回来的几周内，她们无数次在后院的吊床上相互打闹；陪我骑了几次自行车；爬了几次树；捕获并放生了至少 3 只蟾蜍；徒步旅行和滑水；在野外露营，在明火上烤面包；烤了几个“泥巴馅饼”；照顾、埋葬并哀悼一只被我们的狗狗咬死的老鼠；故意触摸毒葛，只是为了看看自己是否会过敏。我们甚至在伊利诺伊州的州界发现了几个公共自然区。在那里，女儿们可以没有顾忌地在水中玩耍。

受一些瑞典朋友的启发，两个女儿都不再吃精制糖了。马娅现在热情地管理着零食架，我除了一起戒掉别无选择。我甚至放弃了最喜欢的早餐麦片，还惊讶地发现了一种味道不像纸板的黑巧克力馅饼的配方。除了毒葛，还有那只不幸死亡的老鼠，愿它安息，这是一个美好的夏天。

为了我自己的内心平静，也为了确保在夏天没有什么需要赶上的学习进度，我接受了学校的提议，在马娅上三年级之前，让她接受英语和数学水平测试。毕竟，她学习了不同体系的数学课程，而且几乎整个学期都没学英语。正如我所料，她的水平符合要求。我们在瑞典的时候，诺拉错过了幼儿园的入学测试。当我问诺拉在入学前是否需要补做测试时，一位学校管理人员说："不用了，我相信她能做得很好。"这是一个令人耳目一新的回应。

马娅仍然喜欢玩平板电脑，但在瑞典待了一段时间后，我们似乎达成了更好的平衡，很少再为屏幕使用时间而争吵。马娅对自然的兴趣和对动物的热爱似乎比以往任何时候都更加强烈。当她成功地将一只从巢中掉出来的羽翼未丰的幼鸟送回树上与其父母团聚后，她告诉我，她的梦想是成为一名专门救助野生动物的兽医。她目前正在写自己的第二本书。这本书以一种非传统的方式将反对吃糖果的宣言与照顾宠物和保护自然的指南结合在一起。就算她未能成功当上野生动物兽医，我敢打赌她的写作生涯会成功的。

诺拉还不知道自己想成为什么样的人。但我看得出，遇见瑞典童子军的经历让她印象深刻。她仍然希望得到一部 iPhone 作为圣诞节礼物，但这不再是她的首要选择了，削刀才是她最想要的。在圣诞节到来之前，她用生日红包买了一把瑞士军刀。她用这把刀锯下了我们烧篝火的木材。对于一个 5 岁的孩子来说，她干活的精度和毅力令人印象深刻。诺拉在一所没有正式学科教育的幼儿园上了 6 个月，结果回到美国一周后，她就宣布她想学习如何阅读，并开始在卡片游戏中拼写她学会的第一个瑞典语单词。很快，她也开始学写新单词。每天晚上，她都让我读瑞典幼儿园的工作人员在她上学最后一天给她的一封简短告别信，直到她把全部内容记下来。

就我自己而言，我仍在努力掌握这种叫作为人父母的神秘技巧。我每天都会经历各种各样的感受，相比之下，叛逆的青春期就像苦修的僧侣一样平静。养育孩子真是独一无二的体验，有时兴奋，有时愤怒，有时疲惫，有时甚至同时出现这三种情绪。在这段疯狂的旅程中，户外活动帮助我保持了理智。这不仅是因为我偶尔（好吧，是经常）在做饭受到干扰时，或者需要一点独处的时间时，可以让孩子们自己出去玩，还因为我可以和女儿们一起体验大自然。无论是徒步旅行和露营，还是在后院一起种植水草和挖蚯蚓，都让我们变得更加亲密，而这是其他事无法做到的。不过事情并不总是顺利的，有时我们的户外冒险仍然以假装受伤（她们）、期望破灭（我）和眼泪（可能是任何人的）结束。但这些是少数情况。无论一开始状况有多糟糕，我们几乎总是可以通过外出活动，一起享受大自然来扭转局面。我仍然经常抛出“没有不好的天气，只有不合适的衣服”这句话。我也充分意识到女孩们在某个时候可能会觉得这话非常烦人。这都没关系。总有一天，我希望她们会明白，我这么做不仅仅是因为我觉得户外非常吸引人，而且是因为我知道户外活动对她们的身心健康和幸福来说是多么宝贵。户外对我也有疗愈作用。我甚至会将户外活动称为一种基本需求。

一旦暑假结束，学校重新开学，会发生什么？我不知道。如果运气好的话，诺拉会在学前班茁壮成长，等我再次听到“我讨厌学校”时，马娅估计已经上高中了。无论如何，我相信在瑞典的经历会在很多方面对她们产生深刻的影响。等她们长大后，甚至可能有了自己的孩子以后，当她们开始回想那些让她们童年变得特别的地方，我敢肯定她们会想到一些在瑞典的经历。也许她们余生都会把这些经历铭记在心。

几年前，我们卖掉了城里的房子，在乡下一座安静的小山上盖了一栋房子，我们在新房子里度过的第一个傍晚，一群鹿悄悄地穿过后院，粉色的余晖映照在附近玉米地里被霜冻覆盖的秸秆上。我记得当时我心想，这是一个我可以称之为家的地方。

我们搬家后，我在城里散步的次数越来越少了。要想把两个孩子、一辆尺寸合适的婴儿车，以及我们家两条黑色的拉布拉多——巴尼和拉尔菲全塞进我的车里是不可能的。我们大多在穿过附近乡村的蜿蜒道路上活动，或者探索房子后面郁郁葱葱的树林和开阔的草地。在那里，各种野生动物与我们为伴：鹿、乌龟、蛇、野生火鸡、秃鹫、兔子、蟾蜍、猫头鹰、浣熊和负鼠。

不少人注意到，我和我的"好奇小队"不知怎么就从城市里消失了，但每隔一段时间，他们仍然能遇见我们。不久前的一天，天色阴沉但气温舒适，我和女儿们穿上雨靴，带上雨具，进城散步。狂风骤雨已经断断续续好几天了，我们迫切需要走出房子，呼吸潮湿的空气，在没有窗户阻隔的情况下观看天空中的鸟类。

巴尼和拉尔菲不久前去世了，家里一下子变得太安静，于是我们最终又选择从动物收容所领养了埃尔莎——一只明显更调皮但又莫名可爱的混种猎犬。那天我们走在绿树成荫的宁静街道上，这些街道的名字让人想起了美国历史人物——华盛顿、杰斐逊、哈里森。一场雨淅淅沥沥地下起来，当雨越来越大时，我停下来拉上夹克拉链，系紧女孩们的兜帽。突然，一个女人从我们左边一个带顶棚门廊的白色小房子里探出头来。她看上去有五六十岁，正朝我们这边看。

"亲爱的，你想避雨吗？"女人喊道，"如果你愿意的话，可以到我家门廊上等雨停。"

"没关系，不用。我们有雨具。不过还是很感谢你！"我大声回应。

"你确定吗？大雨真的要来了。"

"我很确定，谢谢。"

There's No Such Thing As Bad Weather

北欧育儿秘诀 第 8 条

寻找志同道合的人，建立一个支持孩子进行户外活动的社群。例如，加入当地为有年幼孩子的父母准备的徒步团体，或者组建一个以亲近自然为主旨的家庭学校合作组织。如果无法在家上学或在森林里上学，想办法鼓励孩子的日托、幼儿园或学校增加时间进行户外游戏和学习。

推荐阅读：理查德·洛夫：《自然维生素 N》(*Vitamin N*)，罗魏译，中国发展出版社 2018 年出版。

北欧妈妈的育儿密语：自然、自由、成长

1. 没有不好的天气，只有不合适的衣服。

这与“水果就是糖果”一样广为人知，也是斯堪的纳维亚半岛的最有用的育儿格言之一。不妨经常对孩子说这句话，让孩子们从小就习惯在各种天气下去户外玩耍。当然，不要过于教条！雷暴、龙卷风、飓风、山洪、危及生命的高温或其他类型的极端天气条件，都是待在室内的完全正当的理由。

2. 根据天气着装。

如果你真的决定执行第一条，那么第二条也必须执行。如果下雨，孩子们要穿戴雨具。如果下雪，他们要穿防雪服，搭配合适的鞋子、帽子和防水手套。这并不复杂。

3. 新鲜空气大有好处。

没错，当我们的父母告诉我们每天呼吸新鲜空气对身体有好处时，

他们是对的。花更多的时间在户外可以降低常见感染、近视、维生素 D 缺乏和肥胖的风险，并减轻 ADHD、焦虑和抑郁的症状。当然，它对成年人也有奇效。

4. 就让他们玩吧。

没有哪个头脑正常的雇主会关心你的孩子是在 4 岁还是 7 岁开始阅读的。让你的孩子在学龄前做“泥巴馅饼”，然后再担心学业。对于年幼的孩子来说，非结构化的户外游戏能满足他们保持健康的身体、社交和认知发展所需的一切。大一点的孩子也需要时间玩耍，即便把课外活动排满也并不意味着成功。

5. 有点脏也没关系。

现代化的室内生活方式让孩子们身上太干净了，容易引发免疫系统疾病。为了让孩子适当接触一些细菌，扔掉洗手液，让他们玩泥巴。如果孩子碰巧把脏手伸进嘴里，你也不害怕，那就更好了。

6. 自由并非不负责任。

孩子们需要进行冒险游戏来学习如何评估风险并为成年做准备。这并不意味着他们需要玩电锯，只是要被允许进行一些传统的户外活动，如爬树、在冰面上滑行、使用真正的工具，以及在没有大人陪伴的情况下步行去公园。如果我们的父母可以处理好，我们也可以。

7. 断网才能互联。

互联网太棒了，不仅因为它充满了有趣的猫咪视频和与陌生人一起玩游戏的机会。但是，如果我们想让我们的孩子在自然世界中站稳脚跟，有时需要让他们离开屏幕，与家人一起进行户外活动。挑战一下把你自己的智能手机留在家里，或者至少把它调到飞行模式。

8. 我们需要建立社群。

父母来充当孩子在户外玩耍时唯一的“啦啦队”队长，可能不再行得通了。找一些志同道合的人，想办法让孩子们走到户外，无论是通过成立家庭自然俱乐部、抗议学校的无课间政策，还是与管太宽的业主委员会做斗争。

9. 我们与大自然融为一体。

孩子和大自然真的很合拍。尽早让孩子们沉浸在自然世界中，可以增加他们在以后的生活中爱护自然的意愿。运气好的话，他们会比父辈和祖辈们做得更好。

斯堪的纳维亚语词汇表

公共通行权（allemansrätten）：瑞典法律规定，公民在自然环境中享有广泛的娱乐权，包括徒步、露营和在私人土地上采摘浆果和蘑菇等权利。挪威和芬兰也有类似规定。

公立幼儿园（allmän förskola）：瑞典全面普及的学前教育系统，提供半托和全托服务，全年无休，且政府提供大量补贴。

儿童花园（barnträdgård）：瑞典于 19 世纪末期开始推行德国教师弗里德里希·福禄贝尔所创立的幼儿园制度，20 世纪 50 年代将之替换为公立学前教育系统。

婴儿车（barnvagn）：这种结实的婴儿车很受斯堪的纳维亚地区的父母喜欢，他们经常将婴儿放在车内并让其在户外小睡。

教育看护（educare）：北欧式保育工作，为需要外出工作的父母照顾并教育幼儿。

瑞典茶歇（fika）：一种休闲聚会活动，通常是一起喝咖啡、喝茶和吃点心。这也是休育儿假的爸爸妈妈们最喜欢的活动。

森林学校（forest school）：全年大部分时间，无论天气好坏，都在户外玩耍和学习的幼儿园或日托班。在美国也被称为森林幼儿园或自然幼儿园。

户外生活（friluftsliv）：指的是以非竞争性的方式探索和享受自然的文化与生活方式。

课外活动（fritids）：在瑞典、丹麦和挪威等国，政府会为课外活动提供补贴，其中包括艺术和手工课程、游戏、体育锻炼、作业辅导和户外活动等。

涉水裤（galonisar）：由聚酯纤维制成的防水服，一般为连体背带裤样式，在户外活动时套在日常服装外面使用，可以保护孩子安全，避免弄脏日常服装。

福歌（hygge）：丹麦人为度过漫长且黑暗的冬天而创造的一种温馨惬意的生活方式，一般要点上蜡烛，营造舒适的氛围，与朋友和家人一起享受生活中的美好事物。

学前适应期（inskolning）：指的是通过陪伴让孩子逐渐适应幼儿园的过程。在此期间，家长会全程或部分时间陪同孩子上幼儿园。对于不同的孩子来说，这个过程的时长不同，可能需要几天到几周的时间。

仲夏节（midsommar）：每年6月庆祝夏至的节日，活动内容有围绕五朔节花柱跳舞、唱传统歌曲和制作花环等，热闹程度不逊于圣诞节，是最受瑞典人喜爱的节日之一。

拍雪骡（mula）：儿童间流行的玩雪游戏，指的是出其不意地把雪拍在某人脸上。

野人穆勒（Skogsmulle/Mulle）：瑞典户外协会在20世纪50年代，为了激发孩子们对自然的好奇心而虚构的一个生活在森林中的野人，也可以用来描述热衷于户外活动或保护自然的人。

学校森林（school forest）：私人拥有的一片树林，专供学校户外活动使用。孩子们不仅在林中享有“公共通行权”，还可以开展别的活动，比如标记路线和搭建棚屋。

日乏（solfattig）：阳光匮乏的天气，常被气象学家用来描述北欧地区的夏天。

户外课堂（udeskole）：一种跨学科的教学方法，让7～16岁的孩子定期在户外上课。

雨歇期（uppehållsväder）：两次雨季之间的短暂停雨期。

瓦尔普吉斯之夜（valborg）：瑞典每年4月30日举行的春季庆祝活动，通常会有合唱表演、学生游行和篝火晚会。

开放式幼儿园（öppna förskolan）：免费的托育服务机构。为父母提供休息聚会的场所，并为5岁以下的幼儿提供适合其发育水平的活动。

致 谢

首先，我要感谢我的经纪人，来自 Foundry Literary + Media 的布兰迪·鲍尔斯（Brandi Bowles），她看到了我这本书的潜力，并在莫莉·格利克（Mollie Glick）离职接受新职位后，热情地接手了我的工作。我也深深感谢 Touchstone Books / Simon & Schuster 的编辑们，米歇尔·豪瑞（Michelle Howry）引导我完成了初稿，梅雷迪思·维拉雷洛（Meredith Vilarello）则以专业的方式帮助我达成最终目标。没有你们坚定的支持、鼓励和细致的反馈，这本书绝不会成为今天的样子。

此外，我感到非常幸运，从构思这本书到最终出版，我都有小戴维·艾伯斯霍夫（David Ebershoff Jr.）作为我的导师和支持者。他不仅为我提供了关于出版行业的宝贵建议，还精心修改了这本书的架构。你的帮助真是无价的。

我要感谢我在瑞典的朋友们以及他们的家人，无论是新朋友还是老朋友。感谢他们允许我深入他们的生活，在探索斯堪的纳维亚地区育儿传统的核心时向他们提出各种私人问题，谢谢他们。此外，我也要感谢阿斯珀勒德的居民和学校的教职工，感谢他们欢迎我加入社区，并与我分享关于瑞典育儿和教育的看法，同样感谢诺拉所在幼儿园的教职员工，他们为我提供了关于瑞典早教的重要见解，正是因为有了他们的帮助，诺拉才能在我写作时每天都忙着制作“泥巴馅饼”。

我还要感谢我敬业而出色的试读者们：鲍勃（Bob）、阿琳达·迪金森（Alinda Dickinson）、凯·亨特（Kay Hunter）、希瑟·登特（Heather Dent）、琳达·古斯塔夫松（Linda Gustafsson）、阿曼达·施特拉塞尔（Amanda Strawser）和瓦妮莎·肖（Vanessa Shaw），他们在项目的不同阶段为我提供了宝贵的反馈。还要感谢苏·怀特（Sue White）和珍妮弗·坎贝尔（Jennifer Campbell），他们细致地审阅了整本书，他们太棒了！

我还想感谢我的母亲玛加丽塔·埃克森（Margareta Åkeson），感谢她将对这片土地的深厚热爱传递给我，只是我真希望自己能继承她一点点种植的天赋。感谢我的姐姐苏珊娜·伦德（Susanne Lund），她在整个写作过程中都支持着我，甚至在我自己不敢相信这本书能完成之前，她就已经相信了。她们以及她们坚定的理想主义，给了我无尽的灵感。我同样感激我的父亲谢尔·埃克森（Kjell Åkesoa），他用卓越的职业操守影响了我，并建议我追随内心，从事一份让我充满热情的职业。我听从了他的建议，从未后悔过。

深深地感谢我的丈夫凯尔（Kyle），感谢他允许我带着我们的女儿们去瑞典生活了近 6 个月。在我写作期间，他为此做出的牺牲我铭记于心。最后，我无法用言语表达我对两个女儿马娅和诺拉的感激与爱意，她们是我踏上这段旅程的原因，也是我每日获得灵感的源泉，愿她们永远不要停止捉毛毛虫，不要停止在口袋里塞满各种奇形怪状的石头。

前言　北欧人真的掌握了某种伟大的育儿秘诀吗？

Juster, F. Thomas, Hiromi Ono, and Frank P. Stafford. "Changing Times of American Youth: 1981–2003." Research report, Institute for Social Research, University of Michigan, November 2004.

Tandon, Pooja S., Chuan Zhou, and Dimitri A. Christakis. "Frequency of Parent-Supervised Outdoor Play of US Preschool-Aged Children." *Archives of Pediatrics G Adolescent Medicine* 166, no. 8 (August 2012): 707–12.

Gomez, Jorge E., and Claire LeBlanc. "Active Healthy Living: Prevention of Childhood Obesity Through Increased Physical Activity." *Pediatrics* 117, no. 5 (May 2006): 7.

The Nature Conservancy. "Kids These Days. Why Is America's Youth Staying Indoors?" August 9, 2016.

Clements, Rhonda. "An Investigation of the Status of Outdoor Play." *Contemporary Issues in Early Childhood* 5, no. 1 (2004): 68–80.

Grossman, Samantha. "More Cities Are Banning Sledding Because Why Should We Get to Keep the One Good Thing About Winter." *Time*. January 5, 2015.

Zito, Julie M., et al. "A Three-Country Comparison of Psychotropic Medication Prevalence in Youth." *Child and Adolescent Psychiatry and Mental Health* 2, no. 26 (2008).

第 1 章 风雨无阻，出门第一

Pettersson, Ola. "Kaffechock efter nyår." *Aftonbladet*. December 22, 2007.

Gelter, Hans. "The Scandinavian Philosophy of Outdoor Life." *Canadian Journal of Environmental Education* 5 (2000): 77–90.

Kronans Droghandel. "Tips för att hålla barnen friskare." April 9, 2013 (no longer available as of April 1, 2017).

Sobel, David. *Beyond Ecophobia: Reclaiming the Heart in Nature Education*. Great Barrington, MA: The Orion Society and The Myrin Institute, 2009.

af Sandeberg Andén, Jane. "Naturen tar över rollen som vår nya religion." *Svenska Dagbladet*. July 17, 2005.

Uddenberg, Nils. *Det stora sammanhanget: Moderna svenskars syn på människans plats i naturen*. Nora, Sweden: Bokförlaget Nya Doxa, 1995.

Chawla, Louise. "Learning to Love the Natural World Enough to Protect It." *Barn* (Norsk senter for barneforskning), no. 2 (2006): 57–78.

UNICEF. "A League Table of Child Deaths by Injury in Rich Nations." *Innocenti Report Card*, no. 2 (February 2001).

Nylander, Johan. "Sweden Among the Best Countries to Be Born." *The Swedish Wire*. January 15, 2013.

The Swedish Wire. "Sweden's Mortality Rates World's Second Lowest." January 17, 2013.

Nordström, Åsa, and Barbro Dunér. "De flesta barn i förskola—oavsett bakgrund." Statistics Sweden. August 28, 2015.

Paguette, Danielle. "The Shocking Number of New Moms Who Return to Work Two Weeks After Childbirth." *Washington Post*. August 19, 2015.

The Warsaw Voice. "Scandinavia: Excelling in Environmental Protection." October 27, 2011.

Fredén, Jonas. "The Swedish Recycling Revolution." Sweden.se. Last modified March 29, 2017.

Centers for Disease Control and Prevention. "Healthy Schools: Childhood Obesity Facts." Last modified January 25, 2017.

US Department of Health and Human Services. "Physical Activity Guide for Americans." March 1, 2011.

Dunckley, Victoria L. "Nature's Rx: Green-Time's Effects on ADHD." *Psychology Today*. June 20, 2013.

Jarrett, Olga S. "A Research-Based Case for Recess." US Play Coalition. November 2013.

World Health Organization. "Childhood Overweight and Obesity." *Global Strategy on Diet, Physical Activity and Health*. January 18, 2013.

Olds, T., et al. "Evidence That the Prevalence of Childhood Overweight Is Plateauing: Data from Nine Countries." *International Journal of Pediatric Obesity* 6 (2011): 342–360.

Centers for Disease Control and Prevention. "Attention-Deficit/ Hyperactivity Disorder (ADHD): Data and Statistics." November 23, 2014.

Vårdguiden 1177. "ADHD." November 23, 2014.

Gíslason, Ingólfur V., and Guðný Björk Eydal, eds. *Föräldraledighet, omsorgspolitik och jämställdhet i Norden.* Copenhagen, Denmark: Nordic Council of Ministers, 2010.

Blumberg, Stephen J. " Trends in the Prevalence of Developmental Disabilities in US Children, 1997–2008." Centers for Disease Control and Prevention. *Pediatrics* 127 (June 2011):1034–42.

Vitale, S., R. D. Sperduto, and F. L. Ferris 3rd. "Increased Prevalence of Myopia in the United States between 1971–1972 and 1999–2004." *Archives of Ophthalmology* 127, no. 12 (December 2009):1632–39.

Sveriges regering. "Statens stöd till friluftsliv och främjandeor-ganisationer." Ds 1999:78, January 1, 1999. Last modified May 2, 2015.

The Nature Conservancy. "Indiana: Portland Arch." April 8, 2017.

Louv, Richard. *Last Child in the Woods: Saving Our Children from Nature-Deficit Disorder*. Chapel Hill, NC: Algonquin Books, 2005.

第 2 章　新鲜空气必不可少

Swedish Forest Agency. "Sverige är ett skogsland." August 2, 2016.

Ek, Bengt. "87 Miljarder Träd i Sverige." *Skogen*. June 8, 2009.

Nordlund, Christer. "Det naturälskande folket i norr." *Biodiverse* 7, no. 4 (2002): 3.

Mårtensson, Fredrika, et. al. *Den nyttiga utevistelsen? Forskningsperspektiv på naturkontaktens betydelse för barns hälsa och miljöengagemang.* Naturvårdsverket rapport 6497. Stockholm: Naturvårdsverket, 2011.

Stenmyr, Hanna. "Från nytta till nöje: Allemansrätten i den svenska skogen." Thesis project, Fakulteten för Landskapsplanering, trädgårdsoch jordbruksvetenskap, SLU Alnarp, 2010.

Isaksson, Ulla, and Erik Hjalmar Linder. *Elin Wägner—en biografi*. Stockholm: Albert Bonniers Förlag, 2003.

Dunn, P. M. "Arvo Ylppö (1887–1992): Pioneer of Finnish Pediatrics." *Archives of Disease in Childhood. Fetal and Neonatal Edition* 92, no. 3 (May 2007): F230–32.

Tourula, M., A. Isola, and J. Hassi. "Children Sleeping Outdoors in Winter: Parents' Experiences of a Culturally Bound Childcare Practice." *International Journal of Circumpolar Health* 67, nos. 2–3 (June 2008): 269–78.

The World Bank. "Mortality Rate, Under-5 (per 1,000 Live Births)." January 19, 2016.

Söderström, Margareta, and Margareta Blennow. "Barn på utedagis hade lägre sjukfrånvaro." *Läkartidningen* 95, no. 15 (1998): 1670–72.

Socialstyrelsen. *Smitta i förskolan—En kunskapsöversikt*. Stockholm: Socialstyrelsen, 2008.

Adams, Christy, et al. "The Importance of Outdoor Play and Its Impact on Brain Development in Children." University of Missouri, Kansas City, n.d. October 3, 2016.

Marcano, Tony. "Toddler, Left Outside Restaurant, Is Returned to Her Mother." *New York Times*. May 14, 1997.

Rohde, David. "Court Ruling Favors 2 Who Left Baby Outside." *New York Times*. July 23, 1999.

Svensson, Olof. "Lämnade bebis utanför krogen." *Aftonbladet*. August 16, 2011.

Niederer, Iris, et al. "Relationship of Aerobic Fitness and Motor Skills with Memory and Attention in Preschoolers (Balla-beina): A Cross-Sectional and Longitudinal Study." *BMC Pediatrics* 11, no. 34 (2011).

Roach, Linda. "Myopia Risk Lowered When Children Play Outdoors." *Medscape*. May 7, 2013.

Jarrett, Olga S. "Recess in Elementary School: What Does the Research Say?" EricDigests.org. January 26, 2016.

Dalporto, Deva. "Finland's A+ Schools." *We Are Teachers*. April 1, 2013.

Chakrabarti, Reeta. "South Korea's Schools: Long Days, High Results." *BBC News*. December 2, 2013.

Harper, Justin. "Asia's Teachers Say Copying Their School Hours Won't Help Britain." *Telegraph*. May 21, 2013.

NBC Nightly News with Brian Williams. "How Shanghai's Students Stunned the World." NBCNews.com. Last modified November 2, 2011.

Tran, Irene, B. Ruth Clark, and Susan B. Racette. "Physical Activity During Recess Outdoors and Indoors Among Urban Public School Students, St. Louis, Missouri, 2010–2011." *Preventing Chronic Disease* 10 (November 2013).

Lowen, Rebecca. "What Works for Kids? In Norway, It's a Less-Stressful Classroom Atmosphere." *StarTribune* (Minneapolis). November 7, 2013.

Centers for Disease Control and Prevention. "Attention Deficit/Hyperactivity Disorder (ADHD): Data & Statistics." February 3, 2016.

Eunjung Cha, Ariana. "CDC Warns That Americans May Be Overmedicating Youngest Children with ADHD." *Washington Post*. May 3, 2016.

Jakobsen, Hanne. "Girls Are Given Less ADHD Medication." *ScienceNordic*. September 11, 2012.

第3章　户外玩耍就是学习

Skolverket. *Curriculum for the Preschool Lpfö 98. Revised 2010.* Stockholm: Skolverket, 2010.

Skolverket. *Föräldrars val och inställning till förskola och fritidshem. Resultat från föräldraundersökningen 2012*. Stockholm: Skolverket, 2012.

Ricci, Colleen. "Looking to Swedish Model of Childcare and Education." *Sydney Morning Herald*. May 15, 2015.

Carlsson-Paige, Nancy, Geralyn Bywater McLaughlin, and Joan Wolfsheimer Almon. "Reading Instruction in Kindergarten: Little to Gain and Much to Lose." Alliance for Childhood. 2015.

Walker, Tim. "The Joyful, Illiterate Kindergartners of Finland." *Atlantic*. October 1, 2015.

Whitebread, David. "School Starting Age: The Evidence." University of Cambridge. September 24, 2013.

Miller, John W., and Michael C. McKenna. *World Literacy: How Countries Rank and Why It Matters*. New York: Routledge, 2016.

Flood, Alison. "Finland Ranked World's Most Literate Nation." *Guardian*. March 11, 2016.

Lärarnas Historia. "Förskolan." August 4, 2016.

Froebel Australia. "Friedrich Froebel: The Inventor of Kindergarten." August 4, 2016.

Play & Playground Encyclopedia. "Friedrich Froebel." August 4, 2016.

McLeod, Saul. "Jean Piaget." SimplyPsychology. 2009. Last modified 2015. August 4, 2016.

———. "Lev Vygotsky." SimplyPsychology. 2007. Last modified 2014. August 4, 2016.

Gopnik, Alison. "Why Preschool Shouldn't Be Like School: New Research Shows That Teaching Kids More and More, at Ever-Younger Ages, May Backfire." *Slate*. March 16, 2011.

Wilson, Ruth. *Nature and Young Children: Encouraging Creative Play and Learning in Natural Environments*. New York: Routledge, 2012.

Hanscom, Angela J. *Balanced and Barefoot: How Unrestricted Outdoor Play Makes for Strong, Confident, and Capable Children*. Oakland, CA: New Harbinger Publications, Inc., 2016.

Clements, Rhonda. "An Investigation of the Status of Outdoor Play." *Contemporary Issues in Early Childhood* 5, no. 1 (2004): 68–80.

Park, Alice. "Baby Einsteins—Not So Smart After All." *Time*. August 6, 2007.

Schwarz, Joel. "Baby DVDs, Videos May Hinder, Not Help, Infants' Language Development." *UW Today*. August 7, 2007.

Nelson, Toben F., et al. "Do Youth Sports Prevent Pediatric Obesity? A Systematic Review and Commentary." *Current Sports Medicine Reports* 10, no. 6 (November/December 2011): 360–70.

Jayanthi, Neeru. "To Protect Against Injuries, Young Athletes May Need to Play More Just for Fun." Loyola University Health System. January 11, 2013.

Dagens Nyheter. "Zlatan Ibrahimovics karriär." August 28, 2010.

Bergdahl, Linda. "När idrotten blir till stress." *Upsala Nya Tidning*. February 19, 2014.

Barker, Jane E., et al. (2014) "Less-Structured Time in Children's Daily Lives Predicts Self-Directed Executive Functioning." *Frontiers in Psychology* 5, no. 593 (June 17, 2014).

Juul, Jesper. "Är det sunt att ha långtråkigt?" Family-Lab. March 22, 2016.

Nielsen, Glen. *Children's Daily Physical Activity: Patterns and the Influence of Socio-cultural Factors*. Copenhagen, Denmark: Copenhagen University, 2011.

Fjørtoft, Ingunn. "Landscape as Playscape: The Effects of Natural Environments on Children's Play and Motor Development." *Children, Youth and Environments* 14, no. 2 (2004): 21–44.

第 4 章 森林学校，激发孩子探索的天性

Tamanini, Jeremy. *The Global Green Economy Index*. Washington, DC: Dual Citizen LLC, 2014.

Fredén, Jonas. "The Swedish Recycling Revolution." Sweden.se. Last modified March 29, 2017.

Kihlberg, Jannike. "Efterfrågan på ekologisk mat ökar i rekordtakt." *Dagens Nyheter*. January 29, 2015.

———. "Så mycket mer kostar det att äta ekologiskt." *Dagens Nyheter*. January 11, 2014.

Uddenberg, Nils. *Det stora sammanhanget: Moderna svenskars syn på människans plats i naturen*. Nora, Sweden: Bokförlaget Nya Doxa, 1995.

Nebelong, Helle. *Vi leger at... Tanker om leg, læring og indretning af legepladser og sansehaver for barn*. Denmark: Dafolo, 2008.

Sobel, David. *Beyond Ecophobia: Reclaiming the Heart in Nature Education*. Great Barrington, MA: The Orion Society and The Myrin Institute, 2009.

Skogen i Skolan. "Skolskogen." April 9, 2016.

TV4. "Sveriges Historia." September 19, 2011.

Nordin, Torgny. "Linné lever!" *Populär Historia*. May 25, 2001.

Bentsen, Peter. "Udeskole in Scandinavia: Teaching and Learning in Natural Places." Children and Nature Network. February 12, 2013.

Takami, Sachiko. "Vad Mulleborg betyder för Japan." Mulleborg.se. April 14, 2016 (no longer available as of April 3, 2017).

Dimensions Educational Research Foundation. *Helping Children Learn to Love the Earth Before We Ask Them to Save It: Developmentally Appropriate Nature Education for Young Children*. Lincoln, NE: Dimensions Educational Research Foundation, 2005.

Leave No Trace. "Seven Principles Overview." May 29, 2016.

SVT Nyheter. "25 år sedan Tjernobylolyckan—Konsekvenserna för Sverige." April 21, 2011.

Carrington, Damian. "Eating Less Meat Essential to Curb Climate Change, Says Report." *Guardian*. December 3, 2014.

Food and Agriculture Organization of the United Nations. *Food Wastage Footprint: Impacts on Natural Resources*. Food and Agriculture Organization of the United Nations, 2013.

Borås Stad. "Minst 25 procent av alla livsmedel är ekologiska." March 9, 2016.

Borås Stad. "Matsmart." Last modified May 9, 2014.

Grahn, Patrik, et al. *Ute på Dagis: hur använder barn daghemsgården? : utformningen av daghemsgården och dess betydelse för lek, motorik och koncentrationsförmåga*. Alnarp: Movium, 1997.

第 5 章　泥泞越多，欢笑越多

Rousseau. Jean-Jacques. *Emile, or on Education*. Basic Books, 1979.

Granberg, Ann. *Små barns lek—en livsnödvändighet*. Stockholm: Liber AB, 2003.

Friluftsfrämjandet. "History." April 22, 2016.

Hansell, Bengt. "Här börjar Estelle förskolan." Sveriges Radio. August 25, 2014.

Andréasson, Ulf. "När Lort-Sverige började bada—en berättelse om badrummets historia." *Populär Historia*. December 22, 2009.

Världens Historia. *Historiens tips och trick för föräldrar*. Malmö, Sweden: Världens Historia, 2011.

Phone Soap. "Fun Facts." July 1, 2016.

No-Mess Indoor Portable Sandbox. July 1, 2016.

HomeAdvisor. "Playground Germs: How Dirty Are They?" July 1, 2016.

ABC News. "Playing with Danger: Germy Playgrounds." September 6, 2007.

Carter, Maria. "Children's Playgrounds Dirtier Than Toilets, Study Shows." *Woman's Day*. June 22, 2016.

American Academy of Allergy, Asthma and Immunology. "Asthma Statistics." April 24,

2016.

Asthma and Allergy Foundation of America. "Allergy Facts and Figures." April 24, 2016.

Williams, Emma. "Därför ökar allergier: 'För lite bakterier i kroppen.'" *SVT Nyheter*. April 27, 2015.

Velasquez-Manoff, Moises. "A Cure for the Allergy Epidemic?" *New York Times*. November 9, 2013.

BBC News. "Scientists Sniffing Out the Western Allergy Epidemic." August 27, 2014.

Sachs, Naomi. "It's in the Dirt! Bacteria in Soil May Make Us Hap-pier, Smarter." *Therapeutic Landscapes Network* (blog). April 26, 2016.

Shetreat-Klein, Maya. *The Dirt Cure: Growing Healthy Kids with Food Straight from Soil*. New York: Simon & Schuster, 2016.

American Society for Microbiology. "Can Bacteria Make You Smarter?" *ScienceDaily*. May 25, 2010.

Johansson, Sandra, and IdaMaria Åkerberg. *Är regn och rusk den bästa pedagogiken? En studie av den pedagogiska verksamheten i en I Ur och Skur*. Halmstad, Sweden: Sektionen för lärarut-bildningen, Högskolan i Halmstad, 2011.

Dellsle, Ralna. "Why You Should Delay Baby's First Bath." *Today's Parent*. March 23, 2016.

HuffPost Parents. "Household Bleach Linked to 'Increased Risk of Flu, Tonsillitis and Infection' Among Children." March 4, 2015.

第 6 章　要冒险，也要承担责任

McCarren, Andrea A. "Free-Range Parenting: Controversial Method Explained." *WUSA 9*. April 19, 2016.

St. George, Donna. "Md. Officials: Letting 'Free Range' Kids Walk or Play Alone Is Not Neglect." *Washington Post*. June 11, 2015.

Kim, Eun Kyung. "Maryland 'Free Range' Parents Cleared of Neglect, Still Plan to Sue CPS, Police." *Today*. June 22, 2015.

Skenazy, Lenore. *Free-Range Kids: How to Raise Safe, Self-Reliant Children (Without Going Nuts with Worry)*. San Francisco: Jossey-Bass, 2009.

Alexander, Jessica Joelle, and Iben Dissing Sandahl. *The Danish Way of Parenting: What the Happiest People in the World Know About Raising Confident, Capable Kids*. New York: TarcherPerigee, 2016.

Mårtensson, Fredrika. "Children on Foot. Urban Landscapes and Sustainable Everyday Mobility." Research paper. Institutionen för landskapsarkitektur, planering och förvaltning. SLU Alnarp, 2006.

Eberhard, David. “I trygghetens Sverige ska det ofarliga förbjudas.” *Dagens Nyheter.* September 9, 2005.

Pew Research Center. *Americans and Social Trust: Who, Where and Why*. Washington, DC: Pew Research Center, 2010.

Höjer, Henrik. “Sveriges unika tillit sjunker: Kan man lita på folk?” *Forskning och Framsteg*. September 4, 2014.

Centers for Disease Control and Prevention. *Childhood Patterns of Unintentional Injuries among 0–19 Year Olds in the United States, 2000–2006.* Atlanta: Centers for Disease Control and Prevention, 2008.

UNICEF. “A League Table of Child Deaths by Injury in Rich Nations.” *Innocenti Report Card*, no. 2 (February 2001).

Radford, Ben. “Child Abductions by Strangers Very Rare.” *Seeker*. May 14, 2013.

Skenazy, Lenore. “Poll: Most Americans Want to Criminalize Pre-Teens Playing Unsupervised.” *Reason*. August 20, 2014.

Asthana, Anushka. “Kids Need the Adventure of ‘Risky’ Play.” *Guardian*. August 2, 2008.

Thomas, Ashley J., P. Kyle Stanford, and Barbara W. Sarnecka. “No Child Left Alone: Moral Judgments About Parents Affect Estimates of Risk to Children.” *Collabra* 2, no. 1 (2016): 1–14.

Lombrozo, Tania. “Why Do We Judge Parents for Putting Kids at Perceived—but Unreal—Risk?” NPR. August 22, 2016.

Sandseter, E. B. H. “Characteristics of Risky Play.” *Journal of Adventure Education and Outdoor Learning* 9, no. 1 (2009): 3–21.

Brussoni, Mariana, et al. “What Is the Relationship Between Risky Outdoor Play and Health in Children? A Systematic Review.” *International Journal of Environmental Research and Public Health* 12, no. 6 (2015): 6423–54.

Brussoni, Mariana. “Risky Play and Children’s Safety: Balancing Priorities for Optimal Child Development.” *International Journal of Environmental Research and Public Health* 9, no. 9 (2012): 3134–48.

Gray, Peter. “Risky Play: Why Children Love It and Need It.” *Psychology Today*. April 7, 2014.

De Baca, Christine. “Resiliency and Academic Success.” May 3, 2016. Literature review. Williamsburg: ScholarCentric, 2010.

Fleur, Calle. “Så farlig är älgen.” *Fokus*. March 24, 2010.

Quinn, Calder, and Brad Rickman. “Selfies vs. Shark Attacks: Which Are More Deadly for Travelers?” *Condé Nast Traveler*. February 10, 2016.

第7章 户外时光是最好的亲子时光

Ny Teknik. "Fortsatt boom för svenska dataspel." August 11, 2014.

Findahl, Olle, and Pamela Davidsson. *Svenskarna och internet: 2015 års undersökning av svenska folkets internetvanor.* Stock-holm: Internetstiftelsen i Sverige, 2015.

Statens Medieråd. *Småungar G medier 2015—Fakta om små barns användning och upplevelser av medier.* Stockholm: Statens Medieråd, 2015.

Lagerkrantz, Hugo. "Mycket tid framför skärm splittrar barns liv." *Läkartidningen.* January 8, 2013.

Dunkels, Elza. "Skärmtid är ett förlegat begrepp." *SVT Nyheter Opinion.* March 31, 2015.

Reddy, Sumathi. "Pediatricians Rethink Screen Time Policy for Children." *Wall Street Journal.* October 12, 2015.

Bresnahan, Samantha, and Will Worley. "When Video Games Become an Addiction." CNN. January 6, 2016.

Kuss, Daria J. "Internet Gaming Addiction: Current Perspectives." *Journal of Psychological Research and Behavior Management* 6 (2013): 125–37.

Kaiser Family Foundation. *Generation M2: Media in the Lives of 8–18-Year-Olds: A Kaiser Family Foundation Study.* Menlo Park, CA: Kaiser Family Foundation, 2010.

Bergström, Malin. "Digitala medier." Rikshandboken Barnhälsovård. March 11, 2016.

Statistic Brain. "Television Watching Statistics." Statistic Brain. April 10, 2017.

McDonough, Patricia. "TV-Watching Among Kids At an Eight-Year High." Nielsen. October 26, 2009.

Medline Plus. "Screen Time and Children." Last modified April 21, 2015.

Harrie, Eva. "TV-tittande i Norden 2014." Nordicom. February 9, 2015.

Thomsen, Dante. "Så mycket ser svenskarna på tv." *Dagens Media.* September 13, 2011.

MMS. *Månadsrapport.* Stockholm: MMS, 2013.

Ferguson, Chris. "Parents, Calm Down About Infant Screen Time." *Time.* February 3, 2015.

Rooney, Ben. "Women And Children First: Technology And Moral Panic." *Tech Europe* (blog), *Wall Street Journal.* July 11, 2011.

Farmer, Ben. "Parents' Smartphones Harming Children's Ability to Hold Conversation, Say Teachers." *Guardian.* May 9, 2016.

Li, Qing. "Effect of Forest Bathing Trips on Human Immune Function." *Environmental Health and Preventive Medicine* 15, no. 1 (January 2009): 9–17.

第 8 章　把大自然搬到身边来

Becher Trier, Maria. "Antorini: Reformen bør hæve danske Pisaresultater." Folkeskolen.dk. December 3, 2013.

Steinfeld, Thomas. "Pisa urholkar skolan i tävlandets namn." *Svenska Dagbladet*. June 2, 2014.

Sjøberg, Svein. "Är Pisa något att luta sig mot?" *Pedagogiska magasinet*. September 24, 2014.

Natural Start Alliance. "Nature Preschools." July 16, 2016.

Honoré, Carl. *Under Pressure: Rescuing Our Children from the Culture of Hyper-Parenting*. New York: HarperOne, 2009.

REI. "Opt Outside." July 25, 2016.

FairTest. "More Than 670,000 Refused Tests in 2015." December 12, 2015.

Cherney, Elyssa. "Lake County Parents Protest to Get Recess for Kids." *Orlando Sentinel*. September 24, 2014.

Postal, Leslie. "Parents Keep Up Fight for Required Daily Recess." *Orlando Sentinel*. February 19, 2016.

Hanford, Emily. "Out of the Classroom and into the Woods." NPR. May 26, 2015.

Connelly, Christopher. "Turns Out Monkey Bars and Kick Ball Might Be Good for the Brain." NPR. January 3, 2016.

Mongeau, Lillian. "What if Every Kid Got to Go to Summer Camp... During the School Year?" *Hechinger Report*. August 6, 2016.

CBS News. "Georgia School Ensures Kids Connect with Nature—and Go Home Dirty." April 13, 2016.

Lanza, Mike. *Playborhood: Turn Your Neighborhood into a Place for Play*. Menlo Park, CA: Free Play Press, 2012.

未来，属于终身学习者

我们正在亲历前所未有的变革——互联网改变了信息传递的方式，指数级技术快速发展并颠覆商业世界，人工智能正在侵占越来越多的人类领地。

面对这些变化，我们需要问自己：未来需要什么样的人才？

答案是，成为终身学习者。终身学习意味着永不停歇地追求全面的知识结构、强大的逻辑思考能力和敏锐的感知力。这是一种能够在不断变化中随时重建、更新认知体系的能力。阅读，无疑是帮助我们提高这种能力的最佳途径。

在充满不确定性的时代，答案并不总是简单地出现在书本之中。“读万卷书”不仅要亲自阅读、广泛阅读，也需要我们深入探索好书的内部世界，让知识不再局限于书本之中。

湛庐阅读 App：与最聪明的人共同进化

我们现在推出全新的湛庐阅读 App，它将成为您在书本之外，践行终身学习的场所。

- 不用考虑“读什么”。这里汇集了湛庐所有纸质书、电子书、有声书和各种阅读服务。
- 可以学习“怎么读”。我们提供包括课程、精读班和讲书在内的全方位阅读解决方案。
- 谁来领读？您能最先了解到作者、译者、专家等大咖的前沿洞见，他们是高质量思想的源泉。
- 与谁共读？您将加入优秀的读者和终身学习者的行列，他们对阅读和学习具有持久的热情和源源不断的动力。

在湛庐阅读 App 首页，编辑为您精选了经典书目和优质音视频内容，每天早、中、晚更新，满足您不间断的阅读需求。

【特别专题】【主题书单】【人物特写】等原创专栏，提供专业、深度的解读和选书参考，回应社会议题，是您了解湛庐近千位重要作者思想的独家渠道。

在每本图书的详情页，您将通过深度导读栏目【专家视点】【深度访谈】和【书评】读懂、读透一本好书。

通过这个不设限的学习平台，您在任何时间、任何地点都能获得有价值的思想，并通过阅读实现终身学习。我们邀您共建一个与最聪明的人共同进化的社区，使其成为先进思想交汇的聚集地，这正是我们的使命和价值所在。

THERE'S NO SUCH THING AS BAD WEATHER by Linda Åkeson McGurk

图书在版编目（CIP）数据

北欧妈妈的自然养育法 / (美) 琳达·埃克森·麦格克著 ; 王索娅, 王新宇译. -- 杭州 : 浙江教育出版社, 2025. 6. -- ISBN 978-7-5722-9967-4

Ⅰ. TS976.31

中国国家版本馆 CIP 数据核字第 2025JK8785 号

浙江省版权局
著作权合同登记号
图字:11-2025-095号

上架指导：科学养育

北欧妈妈的自然养育法

BEIOU MAMA DE ZIRAN YANGYU FA

[美] 琳达·埃克森·麦格克（Linda Åkeson McGurk） 著

王索娅　王新宇　译

责任编辑：操婷婷
美术编辑：韩　波
责任校对：王晨儿
责任印务：陈　沁
封面设计：Nod Young

出版发行：浙江教育出版社（杭州市环城北路 177 号）
印　　刷：天津中印联印务有限公司
开　　本：710mm ×965mm　1/16
印　　张：15.5　　**字　　数：**214 千字
版　　次：2025 年 6 月第 1 版　　**印　　次：**2025 年 6 月第 1 次印刷
书　　号：ISBN 978-7-5722-9967-4　　**定　　价：**99.90 元